사고는 왜 반복되는가?

휴먼팩터 분석

일러두기

- 이 책에 사용된 일본식 표현과 용어는 한국 실정에 맞는 표현과 용어로 교체되었습니다.
- 일본어는 국립국어원의 외래어 표기법에 준하여 표기하였습니다.

사고는 왜 반복되는가?

휴먼팩터 분석

이시바시 아키라 지음 | 조병탁, 이면헌 옮김 | 구로다 이사오 감수

인재NO

JIKOHA, NAZEKURIKAESARERUNOKA

Copyright ⓒ 2006 by Akira ISHIBASHI
All rights reserved.
First original Japanese edition published by JISHA
Korean translation rights arranged with JISHA
through Eric Yang Agency, Inc.

이 책의 한국어판 저작권은 에릭양 에이전시를 통한 저작권자와의 독점 계약으로
㈜한언이 소유합니다. 저작권법에 의하여 한국어판의 저작권 보호를 받는 서적이므로
무단전재나 복제를 금합니다.

감수의 글

20세기 후반에 이루어진 과학기술의 급속한 진보는 사회 활동을 하는 데 있어 편리함과 풍요로움을 가져다주었다. 그 반면에 고속화 · 대량화 · 거대화 · 복잡화 및 보편화된 과학기술 시스템하에서 일어난 사고나 재해는 지금까지 인류가 경험한 적이 없는 막대한 경제적 손실과 다수의 희생자를 내는 등 사회에 엄청난 영향을 미치고 있다. 이와 동시에 이러한 사고나 재해를 방지하고, 안전하고 편안하게 생활할 수 있도록 모든 사회 시스템이 끊임없이 움직이고 있다.

사회적으로 커다란 충격을 주는 사고가 발생했을 때 그 피해나 손실에 대한 책임을 추궁하는 것은 당연하지만, 그것만으로 완전히 해결되지는 않는다. 가장 중요한 것은 비참하고 충격적인 사고가 다시는 재발하지 않도록 사고 방지 대책이 중시되어야 한다. 이를 위해서는 책임 추궁과는 별도의 관점에서 사고 원인에 대한 상세한 기술조사가 이루어져야 하고, 확실하고 효과적인 대책도 마련되어야 한다.

과학기술에 기초한 수많은 인공 시스템은 소프트웨어-하드웨어-환경-인간과 그들을 총괄하는 매니지먼트, 이른바 M-SHEL 요인과의 밀접한 상호 협동 작업에 의해서 그 기능이나 안전이 유지되고 있다. 기계 및 소프트웨어, 시스템의 운용 환경은 결국 인간이 사양서를 만들고, 설계 · 제작하고, 환경을 구축함으로써 이루어진다. 그렇기 때문에 사고나 재해 발생 시 기술조사에 사고가 일어난 과정을 추구(追究: 근본까지 깊이 캐어 들어가 연구함)하는 물적 단서가 있다. 또 재현 또는 파괴 실험에 의해 확증하는 것이 가능하기 때문에 원인을 추구하는 것 역시 비교적 용이하다. 본문에서도 설명하고 있는 우주왕복선 컬럼비아호 사고 역시 잔해의 상세한 기술조사가 주가 되었을 것이다.

다시 말해 시스템 안전의 출발점이 되는 휴먼팩터 문제는 사고 방지를 위해서라도 가장 중요한 점이지만, 인간에 대해서는 성능 한계에 관한 설계도나 기록계가 없기 때문에, 사고에 이르는 인간의 의도나 행동의 시간적 경위를 객관적 데이터를 통해 추구하고 밝혀내는 것이 매우 어렵다.

휴먼팩터에 관한 사고발생현상의 분석 방법은 다양하게 진행되고 있다. 어떤 것은 하드웨어를 위해 개발된 방법을 적용하고, 확률론적 정량화를 목표로 하기도 하지만, 너무 복잡하여 일반적으로는 사용되지 않는다.

이 책에서 소개하고 있는 베리에이션 트리 분석법(VTA, Variation Tree Analysis)은 인간의 정보 인지, 상황 판단, 의사 결정 등 정보처리 과정을 중심으로 한 인간 행동을 시계열적으로 확인 가능한 기법이다. 즉, 현장 관계자로 하여금 사고발생현상의 흐름에 대한 공통적 이해를 높이는 로드맵이라고도 할 수 있다. 물론 인간 행동의 흐름을 추적하는 데에는 당사자의 사고 재발 방지를 위한 적극적인 협력 체제가 필요하고, 책임 추궁의 우려가 있는 상태에서는 훌륭한 VTA가 작성될 수도 없다. 또한 분석을 할 때 구성원이 어떻게든 사고 재발을 방지하려는 의욕을 갖는 것이 기본 조건이다. 그러므로 오랫동안 안전 업무를 담당한 안전 관리자, 현장의 숙련된 기술자를 포함한 여러 멤버로 구성하는 것이 바람직하다. 가능하면 멤버 중에 휴먼팩터 전문 기술자가 있는 것이 좋다. 왜냐하면 분석 과정 중에 전문가로서의 추측이 필요할 수 있기 때문이다. '해부학을 바탕으로 하지 않는 의학'이 효과가 없는 것처럼, 상세하고 엄밀한 기술 분석에 기반을 둔 사고 대책이 아니라면 아무런 소용이 없기 때문이다.

본문에서 자세히 다루겠지만, VTA는 재발 방지를 위한 인간 행동의 문제점을 추출하고, 각각에 맞는 효과적인 대책을 강구하는 데 초점을 맞춘 수단이다. 분석이 끝났다고 자동으로 대책이 만들어진다고 오해해서는 안 된다. 대책 구축은 사고발생현상 특유의 요인을 포함한 일련의 과정에서 추출된 여러 배제 요인에 대한 효과적인 대책이 이 책의 제4장과 제5장에서 서술한 새로운 발상에 의해 창출되는 것이다. 그러나 대책은 4장에 소개한 것처럼 대책의 기본 조건을 만족시키지 않으면 안된다. 앞서 언급한 바와 같이 VTA는 책임 추궁이 아니므로, 추정 요인일지라도 필요한 대책을 폭넓게 충분히 검토해야 한다.

예를 들자면, 한국의 대구 지하철 화재 참사의 경우 관계자에 대한 책임 추궁뿐만 아니라 방화범에 대한 대책, 화재가 급속하게 확대된 굴뚝 현상, 차량의 난연화, 긴급 시 차량 운행 체제나 통신 시스템, 기관사의 긴급 시 교육 훈련, 기관사 원맨(One-Man) 운전 검토, 지하 공공시설의 안전성 문제 등 많은 배후 요인에 대한 대책을 폭넓게 검토할 필요가 있다.

마지막으로 저자 이시바시 씨에 대해 소개하고자 한다. 이시바시 씨는 나와 함께 항공안전 휴먼팩터 연구를 함께하는 등 약 20년 전부터 친분이 있었다. 또 비행시간이 2만여 시간에 이르는 전일본항공(ANA)의 베테랑 기장으로서 트라이스타(Try Star)의 선임 기장도 역임했다. 1995년부터 현역 조종사이자 와세다 대학 인간과학부의 내 연구실 연수생으로서, 주 1회 열렸던 휴먼팩터 연구회를 위해 근무지 후쿠오카에서 비행기로 통학을 할 정도로 최선을 다하는 연구자였다. 오랜 항공안전 현장을 체험하고, VTA 분석 역시 13년째 지속적으로 진행하고 있다.

이시바시 씨의 노력을 발판으로 향후 일본 산업 분야의 안전이 휴먼팩터 분석을 시작으로 진정한 안전, 편안한 사회로 진전되어가기를 진심으로 기원한다.

구로다 이사오

머리말

1999년 12월 17일은 1만 9,500시간 남짓의 비행시간을 기록한 필자가 마지막 비행을 마친 날이다. 그날은 96년 전 라이트형제가 키티호크(Kitty Hawk) 언덕에서 세계 최초로 동력 비행에 성공한 날이기도 하다. 30여 년에 걸친 안전 비행 완수의 기쁨을 온몸으로 느끼며, 더욱이 3년간의 비행 근무 연장을 단념하고 '떳떳한 연구자로의 변신'이라는 일생일대의 결심을 단행했다.

항공 분야의 안전 관리 실무 경험과 대학원에서의 6년간의 휴먼 팩터 연구 성과를 기반으로, 사회 산업 안전 연구를 '라이프 워크(Life Work)'로 삼고자 하는 꿈을 실현하는 날이 찾아온 것이다.

1970년대 이후 항공계가 급격한 성장을 이룬 배경에는 운항 기술의 선배 격인 해운업계를 시작으로 산업계 및 일반 사회의 엄청난 지원이 있었기 때문이다. 평소 비행 근무를 하며 아주 가까운

거리에서 탑승객을 마주하면서, 언제부터인가 자연에 감사하다는 생각을 하게 되었다. 그리고 안전 비행을 완수했을 때에는 어떤 형태로든 사회에 그 은혜를 갚고 싶다는 생각을 했었다. 헌데 드디어 그것을 실천할 수 있는 날이 온 것이다.

연구자 생활을 시작한 후 순식간에 3년이 지나갔다. 비행기에서 내려 조종사 동료 및 은사인 구로다 교수와 함께 설립한 '일본 휴먼팩터 연구소'를 거점으로, 구로다 교수의 지도를 받으며 매년 100회가 넘는 강연 · 강의를 했고, 다양한 분야에서 연수를 했다. 안전 추진 실무를 휴먼팩터 관점에서 가르쳐왔던 것이다. 강연 의뢰를 받을 때에는 반드시 의뢰한 측에 안전에 관한 문제점이나 고민을 묻고, 그것에 대응할 기획서를 작성하는 것이 구로다 교수의 지도 방법이다. 그 가르침을 충실히 지키면서 안전 관리 현장에서 당사자와 함께 대책을 고민하고 있다.

이처럼 실무를 통해 공통되는 문제점을 절실히 느끼고 있는 바 사실 현장에는 직면한 사고나 사건을 정확하게 분석하는 기법이 보급되어 있지 않다. 무슨 일이 일어났는지를 정확하게 파악하는 것조차도 곤란해하는 문화적 배경이 있기 때문에, 많은 사고발생현상이 어떤 이유로 일어났는지조차 파악되지 않으며, 조직의 방침상 최소한의 손실로 마무리 짓기 쉽다. 이와 같은 장애를 뛰어넘어 사고에 대한 명확한 사실을 파악했더라도, 재발 방지 관점에서 과학적으로 분석하거나 교훈 · 대책을 도출하는 프로세스를 원활하게 추진하는 경우는 많지 않다. 사고발생현상을 냉정하고 더욱 과학적으로 분석한다는 사고방식이 정착되지 않은 것이다. 애써 모은 실패 체험 보고서가 다 분석되지도 않은 채 담당자의 책상 서랍 속에서 잠자고 있거나, 막상 집계하더라도 분류 작업으로 끝내버림으로써 사고의 원인을 탐구하지 않고 작업을 종료하는 경우가 많다.

이와 같은 실태를 목격하며 현장에서 쉽게 이용 가능한 사건 분석 기법을 소개해야 한다는 필요성을 느꼈다. 다행히 구로다 교수가 대학에 재직하고 있을 때 건축업계 등에서 안전 지도를 하며 개발한 VTA라는 알기 쉬운 분석 기법이 있었다. 이때부터 필자는 구로다 교수의 연구실에서 연구 활동을 계속해오면서 지금까지 기업 대상 연수 등에서 이를 활용했다. 이 기법을 활용하여 사고발생현상을 휴먼팩터의 관점에서 조사 · 분석하고, 대책 마련을 위한 사고방식을 널리 알릴 것을 다짐한 것이다.

제1장에서는 최근 계속 발생하는 사회적 사고를 예로 들며, 이에 대한 처리 방법이 반드시 이상적인 안전 관리 사이클을 준수하고 있지 않음을 지적한다.

다음으로 휴먼팩터란 무엇인지 그 개념을 소개하고, 그 결과 야기되는 휴먼에러란 무엇이며, 어떤 특징이 있는지 검토한다.

제2장에서는 사고발생현상에 대한 재검토가 필요한 이유를 설명

한다. 사고발생현상을 감정론이나 책임추궁형으로 취급하는 것은 재발 방지 차원에서 결코 바람직하지 않다. 발생한 사실을 정확하게 파악하는 단계에서 문제를 명확하게 제시한다.

제3장에서는 최근 주목받고 있는 '리스크 매니지먼트'에 대해 다룬다. 조기에 리스크를 파악하고 평가하여 용인할 수 없는 수준의 리스크를 모두 제거하는 것이 안전 관리의 기본임을 설명한다.

제4장에서는 이 책의 핵심인 휴먼팩터 분석 요령을 상세하게 설명한다. 따라서 시간이 없는 독자는 이 장부터 읽어도 좋다. 여기서는 르플렛 J. & 라스무젠 J.(Lelpat J. & Rasmussen J.)의 제안으로 구로다 교수가 실용화한 'VT(Varation Tree) 분석법'에 대해서 소개한다.

제5장에서는 과학적 접근을 실천하기 위해 필요한 '안전 문화'에 대해서 다룬다. 집단의 가치 판단 수준과 그것을 규범으로 한 조직 전체의 행동 양식을 안전 문화로 정의한다.

마지막으로 제6장에서는 VTA 기법을 활용한 분석 사례를 들어 독자가 직접 도식화하고, 대책을 유도하는 과정을 체험해보게끔 한다. 이론을 이해했더라도 실제로 응용을 할 때에는 의문을 가지기 마련이다. 그래서 다양한 분야에서 일어난 사고 사례를 케이스 스터디 방식으로 다루고 있으므로, 실제 현장에 응용할 때 참고하기를 바란다.

사고발생현상 분석법 자체는 도구일 뿐, 특효약이 될 수 없다는 것도 이해하기를 바란다. 분석법은 사고 처리나 안전 보고 처리를 수행할 때 효과적인 대책 수립을 가능하게 하는 사고 패턴 구축을 위한 도구이다.

VTA 기법으로 분석한 사고발생현상의 '배제 노드(node: 배제함으로써 위험 사상을 방지하는 것)'나 '브레이크'에 대해서, 다시 'why why 분석' 및 'M-SHEL 모델' 등을 활용한 분석 정리로 실천적이고 효과적인 대책을 수립할 수 있다.

앞서 말했듯, 이 책은 제4장 휴먼팩터 분석부터 읽고 난 다음 바로 제6장 실습 부분으로 들어가도 좋다. 실제로 분석을 수행하는 중에 왜 그와 같은 사고방식 패턴을 거치는지 궁금하다면 제1장으로 돌아가 휴먼팩터에 관한 설명을 읽는 것도 효과적이다.

최종적으로 휴먼팩터의 개념을 이해한 다음 사고발생현상을 분석하는 것이 바람직하다.

이 책의 초판이 2003년 4월 15일에 발행된 이래 항공 분야를 시작으로 제조업이나 건설업, 의료 분야 등의 현장에서 폭넓게 읽히고, 대학이나 각종 연수기관 등에서 휴먼팩터 교육의 교재로 채택되고 있는 것에 대해 진심으로 감사한다.

그즈음 중앙노동재해방지협회 출판과의 권유로 제2판을 증쇄하면서 다음 부분을 수정 · 추가했다.

새로운 사고 사례로 토부 이세사키선(東武伊勢崎) 타케노츠카 건널목 사고를 들었다. 이 사고는 어찌 보면 보안담당자의 단순 에러로 보이지만, 재발 방지 대책 관점으로 보면 보안담당자만 추궁하는 것으로 마무리되어서는 안 된다고 생각한다.

최근 "교통기관이 위험하다"라는 말들을 많이 하고 있다. 앞의 예시 외에도 쿠로시오철도 열차 추돌 사고, JR서일본 후쿠찌야마선 탈선 사고, 또는 유조선 충돌 사고, 정기 항공 분야의 연속 트러블 관련 보도 등은 많은 이용자들에게 적지 않는 불안을 안기고 있다. 이용자들은 이러한 사고나 트러블을 냉정하게 확인하고 사실 관계를 정확하게 파악하여, 과학적인 분석을 통해 효과적인 재발 방지 대책을 마련해주기를 바라고 있다. 겉으로 드러난 사실 외에 그 배경에 잠자고 있는 배후 요인을 탐구하고, 거기에 힘을 쏟는 것이 시급하다.

이 책이 실무를 담당하는 현장에서 활용된다면 가장 행복할 것이다. "안전하게!"

다음으로, 전 판에는 사고 사례 분석 기법인 RCA(Root Cause Analysis)에 관한 설명이 너무 간단했다. 이번 판에는 이에 대한 보충 설명을 충실하게 담았다. 의료 분야에서 사례 분석 기법으로 이미 실용화되어 있는 것도 추가했다.

또 제임스 리즌(James Reason, 맨처스터 대학 교수이자 심리학자)

의 에러 분류 기법에 관한 설명이 부족해서 보완했다. 의식적인 행동의 에러 속에 '위반'을 포함하는 것의 의의에 대해서는 완전하게 동감하기 때문에 좀 더 상세한 설명을 덧붙였다. 그 외 일부 설명용 도표 등도 수정했다.

앞으로 이 책이 현장 안전 관리 사이클 구축에 도움이 되기를 진심으로 바란다.

감사의 말

이 책을 완성하면서 많은 분들의 지원을 받았다. 귀중한 자료를 수집하도록 도와준 와세다 대학 이시다 연구실의 칸다 나오야(神田直彌)에게는 특별히 감사의 말을 전한다. 또한 은사이신 구로다 이사오 소장님은 감수를 통해 많은 것을 시사해주셨다. 출간을 위해 편집과 교정 등을 도와주신 중앙노동재해방지협회 사업추진부 분들께도 이 자리를 빌려서 다시 한 번 감사의 뜻을 표한다. 특히 집필 기간 중에 불규칙한 생활을 인내하고 지원해준 아내 마리코에게 진심으로 감사의 말을 전한다.

한국어판 서문

현재 높은 수준의 기술로 지탱하고 있는 복잡한 사회에서의 생산 활동은 개인의 힘만으로는 이룰 수 없다. 다양한 기술과 지식을 가진 사람들과 팀을 구성하여, 각자가 개개인의 역할을 충실히 수행해야 비로소 높은 품질의 제품을 대량생산할 수 있다.

원래 인간 개인의 능력은 심리적으로나 생리적으로나 한계가 있다. 또한, 환경 변화에 따라 현저하게 달라지므로, 종래와 같이 모든 일을 개인의 능력이나 의식에 의존하려는 생각 역시 점점 바뀌고 있다. 개인의 능력을 팀이나 조직이 보강한다는 발상이 주류를 차지하게 된 것이다.

이와 같이 "사람은 누구나 실수할 수 있다"라는 휴먼팩터의 기본 개념을 이해하고, 사고에 대한 인식 방법의 발상 전환이 이루어지는 가운데, 여전히 사고나 사건이 발생하면 나쁜 사람을 특정해서 처벌하는 일이 끊이지 않았다. “누가 나쁜가?”가 아니라 “무엇이 문제인가?”에 주목하고, 일어난 사실을 정확하게 파악하여 원인이나 배후 요인을 과학적으로 분석하고 개선을 도모하여 총체적인 문제점을 제거하지 않으면 안 된다.

그와 같은 활동을 전개하기 위하여 선행 연구자들은 다양한 기법을 개발해왔다. 그중 하나가 ‘SHEL 모델’이다. 1972년 영국의 E. 에드워드 교수는 복잡화된 사회 시스템 중에서도 중심이 되는 인간, 즉 작업 당사자와 그를 둘러싸고 있는 제반 요소와의 관계성에 주목했다. 그는 중심이 되는 라이프웨어(Lifeware: 사람)와 소프트웨어(Software: 매뉴얼, 규칙 등), 하드웨어(Hardware: 기계, 설비), 거기에 환경(Environment), 그리고 또 다른 라이프웨어(팀 동료, 관계자)라는 블록 형태의 도면을 발표했다. 여기에 매니지먼트(Management: 조직적 관리 기능)를 더하여 ‘M-SHEL 모델’을 완성한 것이다.

일어난 사고를 이 모델에 대입하여 객관적 사실을 정확하게 파악하고, 그 사실을 시계열에 따라 일반적인 상황에서 벗어난 판단이나 행동을 식별하고 정리하는 것이다. 이 분석 기법을 VTA 기법이라고 한다. 이와 같이 분석하면 일어난 사고나 사건의 원인 및 배후 요인이 드러나게 된다. 여기에서 드러난 배후 요인이야말로 개선해야 할 문제점이다. 즉 사고와 직접 관련된 작업자의 실수나 책임에만 집중하기보다, 냉정하고 과학적으로 사고 자체를 분석함으로써 사고가 재발하는 것을 확실하게 예방할 수 있는 효과적인 대책을 이끌어내는 것이 가능해진다.

이처럼 냉정하고 과학적으로 사고나 사건을 처리할 수 있는 것을 '안전 문화'라고 한다. 안전 문화를 향상시키려면 M-SHEL 모델과 VTA 기법을 충분히 활용하는 습관을 길러야 한다. 그러기 위해서는 필요한 안전 매니지먼트의 최신 정보를 계속 업데이트해야 한다. 우리 함께 고도의 산업 안전을 위해 노력하자!

차 례

제3장 리스크 매니지먼트의 사고방식

제4장 휴먼팩터 분석

제6장 실습 편

제1장

반복되는 사고

지구 상에 살고 있는 많은 생물 중에 인간만이 진화 과정을 거쳐 눈부신 발전을 이루고 독자적인 문화를 구축했다. 인간은 항상 실패의 경험을 교훈 삼아 안전을 확보하기 위한 '개선'의 노력을 멈추지 않았기 때문이다.

그러나 육식동물 등 천적에게 습격당할 우려가 없어지고, 만족할 만큼의 의식주를 누리다보면 안정적인 생활이 당연시되기 마련이다. 이로 인해 항상 주의를 기울이고 고민을 거듭하는 인간의 향상 의욕이 희박해진 것은 아닐까? 기계가 발달하고 자동화가 진행되면서 그 편리성에만 주목한 나머지 기계의 고장이나 휴먼에러에 의한 사고재해에는 둔감해지고 있는지도 모른다.

1. 안전위생활동의 접근 방법

일본 산업계에서는 연간 1,030여 명의 근로자가 산업 재해로 목숨을 잃고 있다(2014년 5월 후생노동성. 〈그림 1〉 참조). 인간이 생활하면서 가장 흔히 겪는 교통사고로는 연간 100만 명 이상의 사상자가 나오고, 연간 4,000명이 넘는 사람들이 죽어가고 있다(2015년 1월 일본 경찰청 속보). 2000년까지는 증가했지만, 2001년 처음으로 감소하기 시작한 것은 매우 기쁜 일이다.

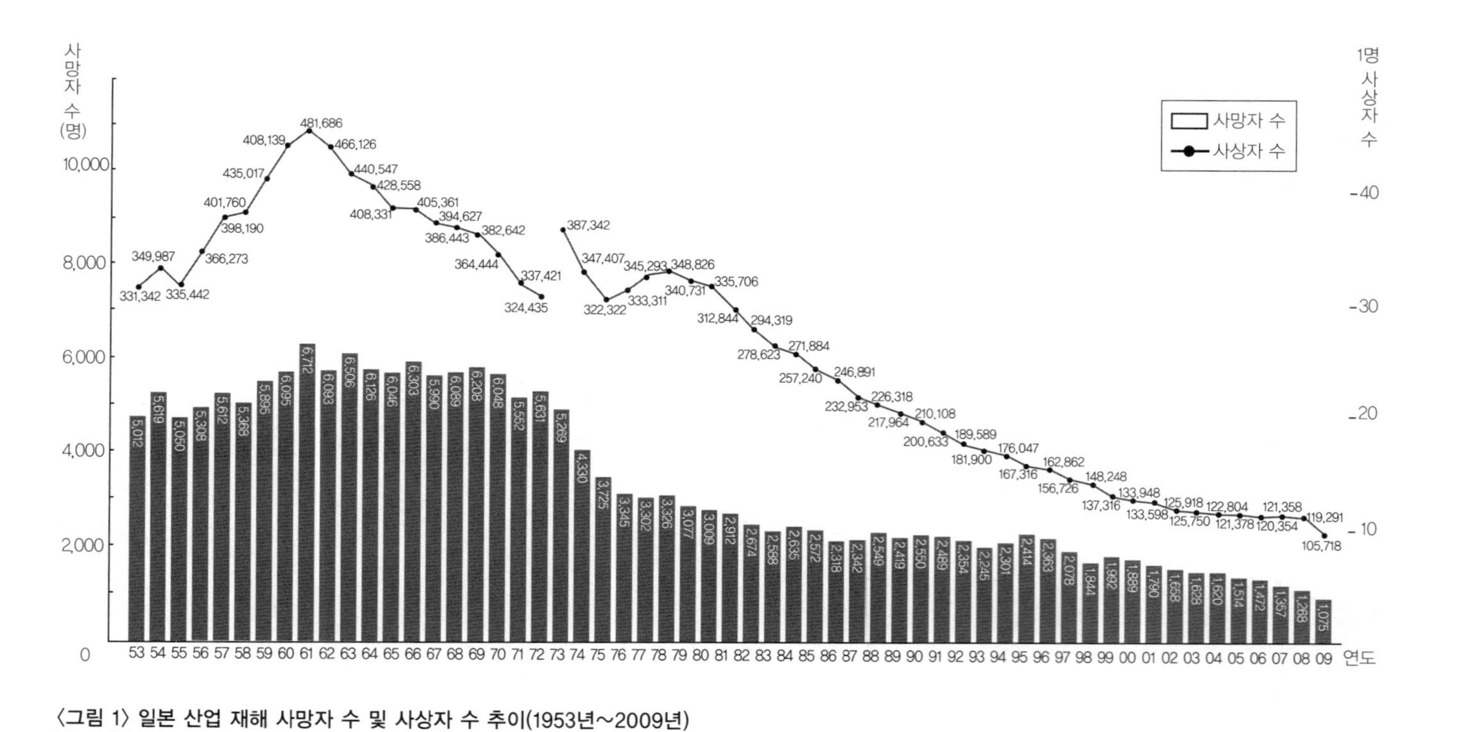

〈그림 1〉 일본 산업 재해 사망자 수 및 사상자 수 추이(1953년~2009년)

주) 사상자 수는 1972년까지는 휴업 8일 이상, 1973년부터는 휴업 4일 이상.

(출처: 사망자 수는 후생노동성 안전과 조사. 사상자 수는 1972년까지는 근로자 사상병 보고, 1973년부터는 노동재해보험지급 데이터. http://www.jisha.or.jp/info/suii.html)

사고를 당했을 때 "운이 나빴다, 어쩔 수 없었다"라고 결론을 내리거나, 한발 나아간다 하더라도 겨우 "누가 책임을 질 것인가"에 대한 추궁으로 1건 해결하려는 경우가 많다. 특히 교통사고가 일어나면 교통이 정체된 상황에서 사고 조사를 하게 된다. 그렇기 때문에 이후 책임 소재를 분명하게 하기 위한 최소한의 증거 자료를 확보하는 것이 고작이다. 본래 범죄 수사를 담당하던 경찰관이 사고 조사를 담당하기 때문에 피해가 발생한 이상 그 책임이 누구에게 있는지 추궁하는 것이 주안이 되는 것은 피할 수 없다. 따라서 "왜 일어났는가?"라는 관점에서는 사고 조사가 충분하지 않은 경향이 있다. 사고라는 실패에서 교훈을 얻고, 재발을 방지하는 자료로는 활용하기 어렵다. 그래서 비슷한 사고가 매번 반복되는 것이다.

2002년 일본 연간 출생자 수가 115.6만 명으로 감소했다는 보도가 있었다(2003년 1월 1일 아사히신문). 하지만 그 숫자를 웃도는 수의 사람들이 매년 교통사고로 부상당하고 있다. 이 현실을 어떻게든 개선하지 않으면 안 된다.

또한 이 책을 집필하고 있는 동안에도 다음과 같은 대형사고가 계속 발생하고 있을 것이므로, 사고가 어떻게 처리되고 있는지 주목해야 한다.

(1) 우주왕복선 컬럼비아호의 공중폭발 사고

2003년 2월 1일 오전 8시 59분(미국 동부 시간)경, 16일간의 우주 임무비행을 마치고 귀환하던 우주왕복선 컬럼비아호가 착륙 예정 시간 약 15분 전에 텍사스 주 66㎞ 상공에서 모든 신호가 끊기며 공중분해되어 추락했다.

7명의 우주비행사 전원이 사망하였고, 우주왕복선 부품은 1만㎢에 달하는 광범위한 지역으로 흩어졌다. 사고 조사에 필요한 컬럼비아호 잔해 수습 작업은 수천 명의 시민이 참가해서 진행되었다. 수색 범위를 루이지애나 주, 애리조나 주에서 캘리포니아 주까지 넓혀 수색을 전개한 결과 기수 부분과 승무원의 유품 등 1만 2,000점을 회수했다. 회수된 부품은 루이지애나 주 공군기지에 모아 실물 크기의 기체 도면 위에 나란히 정리하고, 조사를 위한 정리 분석 작업을 실시하였다.

한편 컬럼비아호에서 보내왔던 데이터를 상세하게 분석하여 각종 스위치의 '온오프(on/off) 상태에서 기체 각 부분의 온도나 압력, 가속도 등'과 함께 승무원들의 건강 상태도 재현할 수 있었다.

NASA는 기자회견에서, 1월 16일에 컬럼비아호를 쏘아 올린 지 80초 후 외부 연료탱크의 단열재가 벗겨져 떨어져나가면서 기체 좌측의 주 바퀴 격납부 부근에 닿았다고 발표함으로써 사고 가능성을 시사했다. 그러나 NASA의 전문 기술자는 "지금까지 똑같은 문제가 발생했지만 셔틀은 무사히 귀환했다"라며 사고 원인과의 관련성을 부정하는 논평을 발표했다.

2월 13일에는 NASA가 비행 기록과 위성항법장치(GPS, Global Positioning System) 등 지금까지 알아낸 정보를 정리하여 다음과 같이 발표했다.

1) 8시 44분, 하와이 제도 북서 태평양 고도 약 120㎞ 상공에서 정상으로 대기권으로 돌입했다.
2) 8시 52분경, 캘리포니아 주 서쪽 앞바다 상공 약 80㎞, 시속 약 2만 7,000㎞에서 기체 좌측의 온도 센서에 이상이 발생했다.
3) 8시 53분경, 캘리포니아 주 상공에 도달했을 때 유압 계통의 오류 등 연쇄적인 이변이 나타나기 시작했다.
4) 8시 55분, 고도 약 68㎞, 시속 약 2만 4,800㎞로 네바다 주 상공에 다다랐을 때에는 대기권 돌입에 의한 온도 상승이 최고로 높아져 좌측 바퀴 브레이크 라인 온도가 이상할 정도로 상승했다.
5) 8시 57분, 좌익 온도 센서가 고장났다.
6) 8시 58분, 좌익 저항 증가로 자동조종장치가 작동, 좌측 타이어 압력계와 온도 신호가 끊어졌다.
7) 8시 59분, 두 개의 좌측 편 떨림 수정용 보조추진장치

(thruster)가 1.5초간 작동(좌측 저항이 너무 크게 때문에 기수가 좌측으로 돌아가는 현상을 억제하기 위함)되었다.

그 직후에 신호가 끊어졌다. 고도 62㎞, 시속 2만 600㎞. 추적 카메라가 공중분해 상태를 촬영했다. 컬럼비아호는 교신이 두절된 후에도 32초에 걸쳐 각종 데이터를 계속 보내고 있었다.

우주왕복선 컬럼비아호는 1981년 4월 12일 최초로 비행한 이래 2003년 1월 16일에 쏘아 올릴 때까지 22년간 28회에 걸쳐 비행한 우주왕복선 제1호 기체이다. 컬럼비아호는 2002년 3월 초에 12일간의 우주 비행을 마치고 대규모 개선 작업을 치렀다. 여객기처럼 거의 대부분의 기체 부품이 새로 교체되었다. 컬럼비아호 제조 당시의 부품은 거의 남아 있지 않을 정도였으므로 '기체 노후화'라는 불안은 당치 않다고 생각하고 있었다.

대기권 재돌입 시에 발생하는 고온을 극복하기 위해 내열타일이 기체 표면 전체를 둘러싸고 있었지만, 만약 이 내열타일이 벗겨져 나가면 기체는 바로 고온에 노출된다. 컬럼비아호는 1월 16일 쏘아 올릴 당시 외부 연료탱크에서 떨어져나간 단열재가 좌측 날개를 쳤다는 보도가 있었지만, 그 부딪친 위치에 따라 심각한 결과를 초래할 수 있다는 의견도 있었다. 내열타일이 취약한 부분은 착륙에 필요한 바퀴를 내릴 때 여닫는 바퀴 격납실 문이다. 처음부터 내열타일이 붙어있어 얼마만큼 밀폐할 수 있는지가 큰 과제였다고 한다. 이 설은 NASA 대변인에 의해 몇 차례 수정된 다음, 향후 사고 조사 결과가 나올 때까지 유보하기로 했다.

NASA의 기술자 중에는 1990년대 초 우주왕복선을 쏘아 올릴 때 외부 연료탱크의 단열재가 떨어져나가 기체에 부딪칠 가능성과, 내열타일이 손상될지도 모른다는 점을 지적한 사람도 있었다고 한다. 아직 원인이 명확하게 밝혀지지는 않았지만, 그와 같은 '리스크'를 재고하지 않은 채 계획대로 진행할 수밖에 없었던 이유는 무엇일까? 정책적인 문제나 기술자의 과학기술에 대한 과신이 문제였는지, 혹은 경제적인 문제나 찬란한 실적에 대한 기대가 리스크 감각을 마비시켜버린 것은 아닌지, 또는 강대국으로서의 위신이나 체면의 문제는 아니었는지 등을 휴먼팩터적인 관점에서 과학적으로 분석할 필요가 있다.

이 사고에 대한 조사 결과는 2003년 8월에 정리된 뒤 공표되었다. NASA의 조직적인 결함이 지적되었고, 개선을 위한 권고가 나왔다. NASA는 이 권고를 전면적으로 받아들여 안전 대책을 내놓았다. 그래서 2005년 7월 새롭게 '디스커버리호(1984년 8월에 발사된 미국의 세 번째 우주왕복선)'를 쏘아 올리는 데 성공했다.

(2) 한국의 지하철 화재 사고

2003년 2월 18일 9시 52분경, 대구 지하철 1호선 중앙로역 전철 내에서 한 남성의 방화로 인해 열차에 불이 났다. 열차 안은 순식간에 연기가 가득 차서 패닉 상태가 되었다. 또 대구역 방향에서 들어와 반대편 선로에 정차한 열차로 불이 옮겨붙으면서 다수의 사상자가 발생했다. 처음에는 사망자와 행방불명자가 120명으로 보도되었지만, 시간이 경과하면서 그 수가 점점 늘어나 추정 사망자가 200명에 이르고 다수의 부상자가 발생했다고 보도되었다.

이 사고는 가연성의 액체와 라이터를 가진 남성에 의한 방화로 인해 열차가 화염에 휩싸인 사건이다. 한 가지 궁금한 점은 어떻게 그처럼 쉽게 열차에 불이 붙을 수 있었느냐는 것이다.

금속제의 열차가 종이처럼 타는 것을 이해할 수 없기 때문이다. 동절기에 건조한 공기가 큰 요인이었을 것으로 생각되지만, 만약 경량화나 경제성에 지나치게 집중한 나머지 안전성이 무시되었다면 깊이 반성해야만 한다. 왜냐하면 승객의 생명은 무엇보다 중요한 것이기 때문이다.

다음으로 지하철역의 구조 문제이다. 화재가 발생한 경우의 배연 기능은 물론, 긴급 사태가 발생했을 경우에 대비하여 대피로의 구조나 조명에 관한 배려가 고려되었는가 하는 것이다. 가장 이상하다고 생각한 것은 긴급 시에 통제 불능이 된 열차 종합사령실 담당자의 판단과 행동이다. 모니터 화면을 통해 현장의 상황을 알고 있으면서 왜 관계자에게 연락하지 않았던 걸까? 전철 기관사에게 적절한 지시를 내리지 못한 이유가 뭘까? 기관사와 사령실 간에 '권력의 차'가 있어 바람직하지 않은 '권위 의식'이 존재했던 것은 아닐까?

또 반대쪽 선로에 들어온 열차 기관사가 적절한 행동을 할 수 없었던 이유가 뭘까? 자격을 관리하는 목적은 긴급 훈련을 반복 실시하고, 어떠한 상황에서도 정확한 승객 유도나 열차 조작을 가능하게 하는 것이다. 적어도 긴급 사태가 발생할 때를 대비해서 적절한 순서를 매뉴얼화하여 언제라도 활용 가능하도록 준비해두는 것이 공공 교통 서비스에 종사하는 직원의 기능 관리가 아닐까? 이것이 거대한 시스템을 운용하는 조직에 필요한 위기관리의 기본인 것이다.

이 사고 처리의 과정을 신문 등을 통해 접한 후 크게 절망한 것은 필자만은 아닐 것이다. 대략 사고가 있고 일주일 후인 2월 24일, 신문에서 '기관사 등 일곱 명 체포'라는 제목의 기사가 났다. 반대편 선로로 들어온 열차 기관사와 열차 사령실장, 그 외 공사 측 관리자를 체포했다는 보도였다. 사고가 일어나고 피해자가 나오면, 먼저 범인을 찾아 사고의 결과에 상응하는 처벌을 내리는 사고(思考) 패턴에 위험성마저 느꼈다. 재발 방지를 진정으로 우선한다면 사실 관계를 충분히 조사하여 표면에 나타난 현상뿐만 아니라 배후에 잠재된 유발 요인을 가급적 많이 파악하고, 그것들을 개선하려는 노력을 다하는 것이 처벌을 위한 수사보다도 우선해야 하지 않을까 생각한다.

이 보도 후에 사고의 요인이나 그 배후 요인에 관한 후기의 보도가 중단되어버린 것에도 의문을 가지고 있다. 보도 관계자는 이 사고 후 처리 방법에 박수를 보내듯이 "1건 낙착시켜"라고 한 것은 아닐까? 관계자 몇 명을 엄벌에 처하더라도 동일한 사고의 재발을 방지하는 데는 조금도 도움이 되지 않는다는 것을 다시 한 번 인식했어야 하는 것이 아닐까? 방화범은 고의로 범죄를 일으켰기 때문에 형사법에 의해 재판받아야 하지만, 그 외 관계자는 피해자의 입장일지도 모른다. 이 7명의 입장에서 한번 생각해볼 필요가 있을 것 같다. '사고를 1인칭으로 인식하는' 자세야말로 재발 방지를 최우선으로 생각하는 데 있어 기본이기 때문이다. 불에 둘러싸이고 연기로 인해 눈앞이 보이지 않는 상황에 처한 기관사가 '이 잠금장치를 잠근 채로 대피하는 편이 좋겠다'라고 냉정하게 판단할 여유가 있었을까? 의식 레벨이 'phase Ⅳ(패닉 상태)'로 떨어졌을 때 능력이 반감되는 것은 잘 알려진 인간의 기본적 특성이다. 그와 같은 상태의 기관사에게 가장 머리가 맑을 때의 능력을 발휘할 것을 기대하는 것이 과연 타당할까?

그럼 어떻게 하면 개선이 가능할까? 바로 긴급 시에 패닉 상태에 빠져도 최소한의 조작이 가능하도록 준비하는 것이다. '긴급 처리 매뉴얼'을 준비해서 가까운 곳에 비치해두는 것만으로도 어느 정도는 개선할 수 있다. 무엇보다 긴급 사태에서도 패닉에 빠지지 않게끔 평소에 훈련을 계속 실시하는 것이 필요하다. 또한 이러한 훈련을 개개인만의 과제로 여길 것이 아니라, 관계자 전원의 팀워크로 수행 가능한 체제를 구축하는 것이 중요하다.

그러기 위해서는 사고의 사실 관계를 정확히 파악하는 것과 함께 왜 적절히 대처할 수 없었는지를 깊이 연구하지 않으면 효과적인 대책을 만들어낼 수 없다. 이 대구 지하철 화재 참사는 재발 방지 대책을 아주 신속하고 확실하게 만들어낼 필요가 있다는 것을 보여주는 좋은 사례라고 생각한다.

관계자들에 대한 책임 추궁과 처벌로 안이하게 '1건 낙착'시키려 하지 않고, 지하철이라는 '특수한 환경'에서 발생하는 재해를 해결하는 것을 목표로 조사해야 한다. 그 결과도 과학적으로 분석해서 효과적인 대책을 마련할 수 있기를 기대한다.

(3) 신칸센 기관사의 졸음운전으로 인한 정위치 정차 실패 사고

2003년 2월 26일 오후 3시 20분경 JR 산요 신칸센(山陽新幹線:

신오사카 역에서 후쿠오카 하카타 역까지 연결하는 JR서일본의 고속철도 노선 및 열차)의 히로시마 발 도쿄 행 '히카리 126호(16량 편성, 승객 약 800명)'가 오카야마(岡山) 역으로 들어오던 중 원래 위치보다 약 100미터 앞에 정차했다. 그래서 뒤쪽의 3량이 홈에서 밀려난 채 멈췄다. 놀란 승무원이 운전실로 달려갔을 때 기관사(33세, 남성)는 운전석에서 졸고 있었다. JR서일본의 발표에 의하면 기관사는 오카야마 역의 26㎞ 서쪽에 있는 신쿠라시키(新倉敷) 역 부근부터 약 8분간 기억이 나지 않는다고 했다. 하지만 "아프지는 않으므로 운전은 가능하다"라고 했고, 운전면허를 가진 승무원을 동승시켜 신오사카 역까지 운전시켰다. 그 때문에 열차는 9분 늦게 운행되었고, 다행히 부상자는 없었다.

신칸센은 ATC(Automatic Train Control)라고 불리는 자동열차제어장치가 정차역이 가까워지면 시속 270㎞에서 자동으로 감속하여, 시속 30㎞ 부근에서 기관사가 ATC를 해제하고 수동으로 정해진 정차 위치에 멈추도록 조작한다. 이 당시 ATC는 정상적으로 작동했고, 기관사가 해제하지 않았기 때문에 정해진 정차 위치 바로 앞에서 멈춘 것이다. 기관사가 졸음운전을 해서 수동으로 변환하지 않았던 것이 직접적인 사고의 원인이었다. 하지만 JR서일본은 "기관사는 당일 오후 2시에 히로시마 신칸센 운행 사무실로 출근했고, 전날은 공휴일로 10시간 정도 수면을 취했으며, 건강상의 문제가 아닌 방심이 원인"이라는 입장을 발표했다.

이 사고가 발생한 다음 날 국토교통성은 "철도의 신뢰를 현저하게 떨어뜨린 사건"으로 규정하고, JR서일본에 원인 규명과 재발 방지를 촉구하는 경고장을 발부했다. 한편 오카야마 현 경찰도 27일 업무상 과실 주행 위험, 철도영업법 위반 등으로 수사를 시작하면서 기관사와 여러 명의 관계자로부터 당시 상황 등에 대해 사실 관계를 알아보고 있다고 언론에 보도했다. JR서일본은 27일 기관사의 심신(心身) 건강 상태를 재확인하기 위해 약 4,600명의 재래선을 포함한 전 기관사를 대상으로 개인 면담 조사를 실시한다고 발표했다(신칸센 기관사는 약 300명).

3일 후인 3월 2일, JR서일본은 운전 중에 졸음운전을 한 33세의 기관사가 '수면 무호흡 증후군(SAS, sleep apnea syndrome)'이 의심된다고 발표했다. 이 병은 수면 중에 목이나 혓바닥 부분의 근육이 이완되어 축 처지고, 이것이 기도를 막아 호흡이 불가능한 증상으로, 숙면이 불가능한 것이 특징이라고 했다.

이 사고는 결과적으로는 열차를 9분간 지연시킨 사태를 발생시켰지만 부상자나 물리적 손해는 없었다. 자동열차제어장치가 정상적으로 작동하여 프로그램대로 열차를 안전하게 멈출 수 있었기 때문이다. 국토교통성은 '운전 중의 졸음'을 엄하게 지적하고, "공공교통기관의 사회적 신뢰성을 현저하게 실추시켰기에 매우 유감"이라고 경고했다. 이에 따라 JR서일본도 기관사의 심신 건강 상태를 긴급 확인하는 방침을 정했다. 그 결과 기관사가 그때까지 잘 알려지지 않았던 '수면 무호흡 증후군'이라는 질병을 앓고 있음을 발표했다. 이것으로 사회는 어느 정도 납득한 것처럼 보였다. 하지만 재발 방지의 관점에서 고찰하면 조사 연구할 여지가 더 남아있다고 할 수 있다.

일반적으로 단 하나의 원인 때문에 일어나는 사고는 거의 없다고들 한다. 몇 개의 배후 요인이 연쇄적으로 이어져, 그것들을 잘라버릴 수 없기 때문에 결국 사고에 이르게 된 것이라고 생각하는 것이다. 이것을 '사건의 연쇄(Chain of event)'라고 부른다. 따라서 하나의 추정 원인만 철저히 개선하면 완벽한 재발 방지 대책이 마련될 거라고 여기는 것은 경솔한 생각이다. 그에 따른 폐해까지도 생각해야 한다.

1982년, 조종사의 정신질환으로 인해 착륙 직전에 추락한 항공기 사고의 재발 방지 대책을 살펴보자. 이 사고는 조종사의 건강 관리 문제만이 원인인 것처럼 보도되어 국회에서도 그 부분만 논의되었다. 그래서 실제로 조종사의 항공 신체 검사 기준이 강화되었다. 그 결과 안전하게 비행하던 많은 건강한 조종사들까지 신체검사 기준에 저촉되어 일시적으로 비행을 할 수 없게 되는 전대미문의 부작용이 나타났다. 그 당시 새롭게 사용되었던 병명이 '심신증(心身症)'이다. 표면화된 현상만을 파악하고 잠재된 배후 요인을 간과한 사고 처리의 전형이라는 평가를 받았다.

신칸센 기관사의 졸음운전 문제 역시 기관사의 건강관리를 강화하면 동일한 사고를 막을 수 있다고 하는 단편적인 발상이 아니라, 표면화된 현상의 배후에 숨어있는 잠재 요인을 규명하는 자세가 필요하다. 예를 들어 자동화와 인간의 인터페이스 문제나 자동화에 대한 과신의 문제, 기계와 인간의 역할 분담의 문제, 조직이나 개인의 안전에 관한 가치관의 문제 등 사고발생현상을 과학적으로 분석하기 위한 측면은 끝없이 존재한다. 쉽게 설명하면 자동화된 운전석에서 졸음을 참는 것이 기관사에게 얼마나 어려운 문제인가를 생각해보는 것, 자동화 시스템을 과신하지 않고 항상 정확하게 감시(모니터)하는 것의 어려움을 생각해보는 것이 필요하다. 고도의 기술이 도입된 시스템을 운용하는 분야에서는 "긴장해라", "지시를 복창해라" 등과 같은 종래의 시책으로는 대응이 불가능하기 때문이다. 이것은 조직이나 각 개인의 안전에 관한 가치관의 문제이며, 규범이라는 행동 양식의 문제로 접근해야 하기 때문이다. 그래서 지금 '조직의 안전 문화'가 강조되는 것이다.

(4) 항공교통 관제시스템의 컴퓨터 고장

2003년 3월 1일, 사이타마(埼玉) 현 도코로자와(所沢) 시에 있는 도쿄항공교통관제부(ACC)에서 전국의 비행 계획 데이터를 일괄처리하는 컴퓨터 시스템이 고장났다. 이는 일본 항공교통에 큰 혼란을 야기했다. 국토교통성의 조사에 따르면 3월 1일 미명, 도쿄항공교통관제부는 비행정보처리시스템(FDP) 안에 있는, 방위청과 비행계획 데이터를 공유하는 프로그램을 변경했다. 그 당시에는 아무런 문제가 일어나지 않았지만, 오전 7시 통계처리용 프로그램이 작동하기 시작한 직후에 컴퓨터가 다운된 것이다. 국토교통성은 프로그램 변경 시에 충분히 체크했는지 등을 조사하면서 재발 방지 대책을 검토하기 시작했다.

이 FDP는 1998년 1월, 프로그램 오류로 인해 두 시스템 모두 다운되었다. 이 영향으로 운행 시간의 혼란이 종일 계속되었으며, 192편의 비행기가 결항되었다. 또한 1,324편이 최대 6시간 50분이나 지연되는 사태가 발생했고, 전국 공항에서 승객의 발이 묶였다.

3월 12일 국토교통성은 항공교통관제부의 비행정보처리시스템의 컴퓨터 오류를 조사한 결과를 발표했다. 그에 따르면 ① FDP 내의 기존 프로그램의 문제, ② 사전 체크의 불충분 등을 이유로 꼽았다. FDP 시스템은 일본전기(NEC)에 개발을 위탁한 것으로, NEC는 1월 말에 공통 데이터 처리 프로그램의 오류를 파악했지만 “그 오류가 치명적인 문제를 불러일으킬 것이라 생각하지 않았기" 때문에 국토교통성에는 보고하지 않았다. 한편 국토교통성 역시 2월에 FDP의 예측 시스템에서 프로그램 사전 체크를 실시했으나 24시간 점검은 실시하지 않았다. 만약 이때 점검을 확실하게 진행했다면 이 오류는 사전에 충분히 발견할 수 있었다고 한다.

항공교통 관제시스템은 오류가 발생할 경우를 대비해서 백업 시스템을 준비하고 있다. 그러나 이 사고에서는 두 시스템 모두 다운되었기 때문에 백업 기능이 작동하지 않았다. 게다가 개발담당자나 국토교통성도 확신과 과신에 의해 반드시 체크할 사항을 생략했거나 충분히 체크하지 않았다는 의혹을 받고 있다.

시스템이 복잡해지고 기능이 다양해질수록 문제 발생 시 충격이 크기 마련이다. 그 때문에 이중 삼중으로 백업 시스템을 준비하는 것이다. 이것은 '정보의 여유도(redundancy)'로서 제트여객기 설계상의 기본적인 사고방식이다. 최신 시스템을 갖춰도 그것을 바르게 운용하지 않으면 아무런 의미가 없기 때문이다. 그러한 시스템 에러를 일으키는 배후에 어떠한 잠재 요인이 있는지를 탐구하지 않는 한 재발 방지 대책은 만들 수 없다. 조직의 입장이나 체면이 아닌 사고의 사실 관계를 정확하게 파악하고 과학적으로 분석하는 것은, 복잡해지고 거대해진 시스템을 더욱 안전하고 효율적으로 운용하는 데 필요하다.

(5) 토부 이세사키선 건널목 사고

2005년 3월 15일 16시 50분경, 토부 철도 이세사키선 다케노츠카(竹ノ塚) 역 구내 37호 건널목에서 보안담당자가 하행선 준특급열차의 통과에 지나치게 주의를 기울인 나머지, 상행선 준특급열차의 접근을 깜박했다. 그 보안담당자가 차단기를 위로 올리자마자 준특급열차가 건널목을 건너려는 행인 네 명을 차례로 받아 두 명이 사망하고 두 명이 중상을 입었다.

이 건널목은 요즘 보기 드문 수동식(제1종을 건널목이라 칭함)으로, 열차가 접근하여 적색 경보램프가 점등하면 보안담당자가 수동으로 차단기를 내리는 방식이다.

사고 약 3분 전 보안담당자는 건널목 관리소 연동반에 상하 두 대의 보통열차가 접근한다는 경보램프가 연속으로 점등하는 것을 보고 차단기를 수동으로 내렸다. 두 대의 보통열차가 통과한 다음, 이어서 상행선 준특급열차의 접근을 알리는 램프가 점등했기 때문에 차단기를 내린 채로 있었다. 이 때문에 건널목을 건너려고 기다리던 행인이 점차 늘어났다.

사고 약 30초 전에 또 다른 하행선 준특급열차의 접근을 알리는 경보램프가 점등했다. 이 하행선 열차가 통과할 때까지 약 1분 20초

정도 걸린다고 생각한 보안담당자는 상행선 준특급열차의 접근(이 시점에서는 이미 500m까지 접근)을 잊어버린 채 하행선 열차가 통과할 때까지 통행자를 빨리 건너게 할 생각으로 잠금장치를 해제한 후 수동으로 차단기를 올렸다.

그러자 기다리고 있던 행인들이 바로 건널목을 건너기 시작했고, 그때 상행선 준특급열차가 들어왔던 것이다. 기관사는 건널목까지 약 50m 지점에서 통행자가 건널목을 건너고 있는 것을 발견하고 급제동을 걸었지만 이미 늦었다. 준특급열차는 차례로 네 명을 쳤다.

이 사고는 상행선 준특급열차의 접근을 알리는 경보램프가 점등하고 있다는 것을 잊은 보안담당자가 차단기를 올린 것이 직접적인 원인이라고 보도되었다. 그러나 재발 방지 관점에서 봤을 때 보안담당자의 부주의를 추궁하는 것으로 사고 1건을 마무리한다는 생각은 금물이다. 보안담당자가 상행선 준특급열차의 접근 경보램프를 간과한 배후 요인을 탐구하고, 그것을 근본적으로 개선하지 않는 한, 이와 같은 사고의 재발을 막는 것은 불가능하기 때문이다.

최근에는 언론 관계자들도 이 이론을 받아들이기 시작했고, 몇 개의 배후 요인을 취재하고 보도하게 되었다. 보도된 첫 번째 배후 요인은 보안담당자가 다수의 행인들이 기다린다는 것에 심적 부담을 느껴 아주 짧은 시간에라도 통행자를 빨리 통과시키려고 생각한 것이다. 이러한 서비스 의식이 경보램프에 불이 들어와 차단기가 잠겨 있음에도, 수동으로 차단기를 올리게 한 것이다.

그 당시 보안담당자에게는 상행선 준특급열차가 접근한다는 것을 잊을 만한 요인이 여럿 있었다고 본다. 바로 점차 늘어나는 통행자의 수를 생각하면서 하행선 준특급열차의 접근 시간을 계산하여 차단기의 잠금장치를 풀고, 통행자의 움직임을 체크하면서 경보램프를 확인하는 작업을 동시에 수행했던 것이다.

본래 인간의 정보처리계는 싱글채널이라고 알려져 있다. 한 번에 하나의 정보만 처리하는 것이 인간의 기본적인 특성이다. 그러나 이 보안담당자는 평소 이러한 여러 개의 정보를 처리하는 것을 당연한 것처럼 하는 숙련자였던 것이다. 즉, 숙련자이기 때문에 이와 같은 실수를 초래했다고 본다.

언론에 알려진 두 번째 배후 요인은 구식인 수동식 건널목을 방치하고 보안담당자의 숙련기술에 의존해서 통행자의 불편함을 완화하려던 철도회사의 태도였다. 열차의 운행 빈도가 증가하면 당연히 자동 차단 방식으로 건널목을 개량했어야 했다, 언론에 따르면 통행인 중에서도 "이대로라면 언젠가는 사고가 일어날 것"이라며 걱정한 사람이 있었다고 한다.

제3의 배후 요인으로 '차단기가 장시간(시간당 40분 이상) 내려진 건널목'의 상태를 그대로 방치하고, 입체교차(도로나 선로 등을 같은 지면 위에서 교차하지 아니하고 위아래로 분리하여 엇갈리게 하는 방식) 계획을 추진하지 않았던 행정상의 태만을 지적하는 기사나 해설도 등장했다.

머지 않아 정부 발표라고 할 수 있는 사고 조사 결과에 더하여 이와 같은 소소한 지적 사항에 대한 재발 방지 대책이 구축됨으로써 다시는 동일한 사고가 발생하지 않기를 바란다.

2. 사고 발생 시 사고의 흐름

일본에는 예로부터 과실을 비난하는 풍조가 있다. 일반적으로 사고는 당사자가 고의로 일으키는 것이 아니라 최선을 다해 열심히 한 결과가 기대와는 반대로 나타난 것이다. 그러니 본래 꾸짖을 만한 게 아니다.

야구에서 에러를 범한 내야수에게 "신경 쓰지마!(don't mind!)"라고 하는 미국과는 반대로, 일본에서는 "똑바로 해!"라고 질타한다. 구미에서는 '고의'의 반대 개념으로 '사고(Accident)'라는 용어를 사용하고 있으며, 그 결과가 중대하더라도 당사자를 비난하는 습관이 없다. 반대로 일본에서는 피해자의 감정을 이유로 들어 역사적으로 과실자에게 책임을 물어왔다. 고의인지 과실인지가 아니라 피해 결과가 중요시되었던 것이다. 이는 사고가 발생했을 때 '나쁜 짓을 한 자를 정하여 처벌하고 1건 종결'이라는 고전적인 패턴이라 할 수 있다. 그러나 이 사고 처리 방법은 재발 방지라는 관점에서는 아무것도 해결하지 못한다. 물론 이대로라면 결코 사건이 종결되지 않는다.

사고 ⇒ 책임 추궁 ⇒ 처벌 ⇒ 1건 종결? ⇒ 실제로는 아무것도 해결되지 않음

재발 방지를 위해서는 이 '책임 지향형' 사고 흐름에서 '대책지향형'으로의 발상 전환이 필요하다. 사고가 "언제, 어디서, 어떻게 일어났는지?"와 더불어 "왜 일어났는지?"를 조사하고, "어떻게 하면 다시 일어나지 않고 끝낼 수 있을지? 구체적인 대책은 무엇인지?" 등을 검토하는 것이다. 그 대책을 확실하게 실행할 때 비로소 재발 방지가 가능해진다.

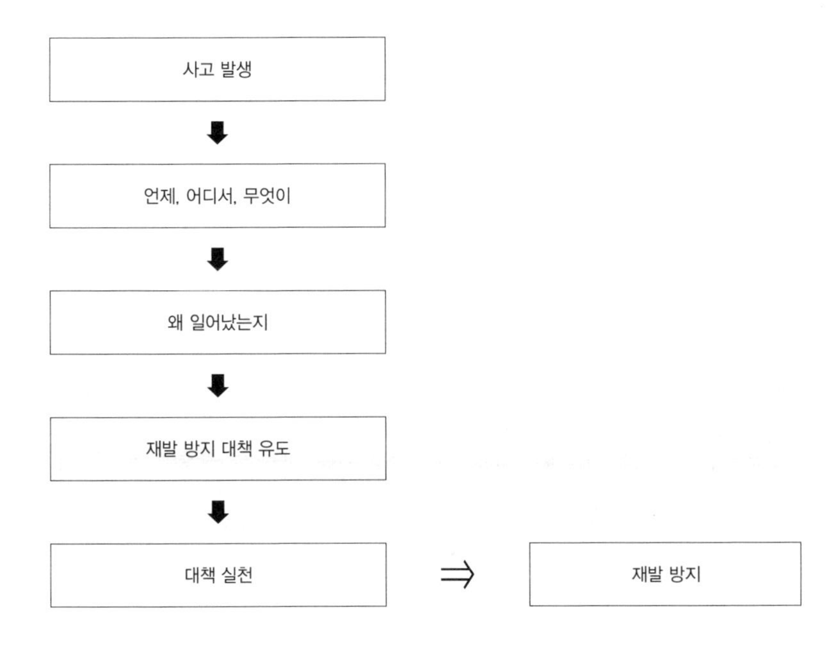

"사고발생현상이란 인간과 기계, 인간과 환경 또는 시스템과의 부적합의 결과로 인해 발생하는 사건으로, 배후의 많은 요소들이 연쇄 반응하여 사고로 이어지는 것"이다. 이 때문에 사고 당사자만을 대상으로 대책을 마련하는 것이 아니라, 동시에 기계, 환경, 시스템 등 광범위한 영역에 걸쳐 종합적인 대책을 수립하지 않으면 안 된다.

예를 들어 도로의 중앙선을 침범해서 마주 오는 차와 충돌한 교통사고를 생각해보자. 차의 성능이 좋아 자신도 모르게 과속을 했을 수도 있고, 도로 환경이 현저하게 불량하여 이전에도 이 부근에서 계속 사고가 발생했을 수도 있다. 또는 운전사가 과로하여 피로도가 극에 달했을 가능성도 있으며, 처음 운전하는 차라서 아직 차에 익숙하지 않았을 수도 있다. 그 밖에도 사고의 원인(중앙선 침범 에러)을 유발한 배후 요인이 다수 존재할 가능성이 있다. 그럼에도 불구하고 이 사고를 '운전사의 부주의' 탓으로 결론짓고 상대 운전사에게 손해배상을 명하고(실제로는 보험회사가 지불) 종결시켰다고 해보자. 그러면 아무런 재발 방지 대책도 세우지 못한 채 시간만 흐르고, 다시 동일한 사고가 발생한다. 이러한 이유로 사고가 발생했을 때 종합적인 대책을 세우는 것이 필요하다.

물건을 만드는 것도 인간이고, 그것을 유통시키고 사용하는 것도 인간이다. 그렇기 때문에 일단 사고가 발생하면 반드시 인간이 관여할 수 밖에 없다. 그러나 인간이 단독으로 사고를 당하는 경우는 드물며, 주위의 환경 및 물건, 규정이나 관리 문제 등과 복잡하게 얽힌 가운데 몇 가지 요인이 상호작용해서 사고에 이르는 경우가 일반적이다. 따라서 인간의 능력이나 한계, 특성 등과 주위를 둘러싼 복잡한 요소와의 접점을 연구할 필요가 있다.

3. 휴먼에러란

사고발생현상은 고의에 의해 일어나는 경우는 적고, 주로 과오(에러) 때문이라고 할 수 있다. 여기서 "에러란 무엇인가?"를 명확히 할 필요가 있다.

(1) 에러의 정의

일부 휴먼팩터연구소는 "휴먼에러란 의도하지는 않았지만 달성하려고 한 목표로부터 일탈하고 마는, 기대에 반한 인간의 행동이다"라고 정의하고 있다.

행위자는 바라는 대로의 결과를 기대하고 최선을 다하는 것을 전제로 한다. 에러는 기대하는 대로 성과를 얻지 못한 것이다. 즉, 일상생활에서 매일 체험하고 있는 매우 자연스러운 행동으로, 누구라도 이해할 수 있는 현상이다. 여기서 당사자에게 "똑바로 하세요!", "더 열심히 하세요!"라며 정신적인 주의를 주더라도 전혀 효과가 없다는 것을 알 수 있다.

원래 인간의 뇌에는 '에러 모드'가 존재하지 않는다고 전해진다. 뇌는 항상 주어진 환경에서 최선의 결과를 내도록 디자인되었다. 그래서 능력에 비하면 쉬운 일을 하려고 시도할 때 실력을 발휘하기 마련이다. 역으로 능력 이상의 성과를 기대해도 쉽게 이룰 수 없다.

접대 골프에서 고객을 큰 차이로 이겨버린 엄청난 실책을 범한 체험담이 그것을 말해준다. 아울러 공부를 열심히 하지 않은 수험생이 몇 번씩 시험에 응시해도 합격할 수 없는 것은 실력 이상의 성과를 바라고, 기대치도 높기 때문이다.

자신의 뇌를 생각대로 컨트롤할 수 없다면 어떻게 에러를 줄일 수 있을까? 대책은 하나다. 에러를 유도하는 배경 요인을 밝힌 뒤 그것을 제거하는 것이다. 무엇보다도 에러는 배경 요인에 의해 유발되는 것이라고 생각하는 것이 그 출발점이다.

가랑비가 내리는 심야에 새로 장만한 승용차를 운전하고 내려가던 중, 내리막길 커브에서 핸들을 너무 틀어 중앙선을 침범해 마주 오던 차와 충돌한 사례를 다시 생각해보자.

'핸들을 너무 돌리고 말았다'라는 것은 중대한 에러다. 그러나 그 배경에는 앞에서 검토한 것처럼 에러를 유발한 배경 요인이 다수 잠재해 있을 것이다. 심야 운전이었기 때문에 피곤해서 졸았고, 비 때문에 전방 시야가 나쁘고, 더구나 도로에서 미끄러지기 쉬웠고, 아직 새 차에 적응하지 못했을 뿐만 아니라 차의 성능이 너무 좋아서 과속했고, 도로가 내리막에다 급커브였다. 또한 좀 더 조사해보니 운전사가 밤 늦게까지 잔업을 했기 때문에 평소 이용하던 도로대신 지름길을 선택해서 달렸다, 마주 오는 차가 헤드라이트를 상향으로 한 채로 달려왔기 때문에 운전사의 눈이 부셨다 같은 사고 요인도 명확하게 드러났다.

이처럼 발생한 사고를 충분히 조사하고 객관적으로 분석하면 에러를 유발한 배경요인이 점점 명확해진다. 이와 같은 배경요인을 제거함으로써 비로소 동일한 사고가 재발하는 것을 방지할 수 있다.

(2) 에러를 유발하는 것

에러는 행위자의 의도에 반해서 유발되는 것으로 생각해야 한다. 그렇다면 과연 무엇이 에러를 유발할까? 그것을 밝히는 것이 '휴먼팩터학(Human Factors)'이다.

"휴먼팩터란 기계나 시스템이 안전하고 효율적으로 기능하는 데 필요한 인간의 능력이나 그 한계, 기본적 특성 등에 관한 지식과 견문이나 기법의 총칭"이라고 정의할 수 있다.(일본 휴먼팩터연구소)

1) 오랜 진화 과정에서 길러진 인간의 기본적 특성이란

① 인간의 정보 처리 프로세스는 싱글채널이기 때문에 한 번에 하나밖에 처리할 수 없다는 특성

자동차를 운전하면서 휴대전화로 통화를 하면 건널목의 경보가 들리지 않아 그대로 건널목으로 진입하게 된다. 또 자동차 내비게이션의 화면을 주시하고 있으면 앞차의 브레이크등을 못 봐

추돌하는 사고가 일어나기 쉽다. 이처럼 익숙해지면 여러 가지 일을 재빨리 크로스체크(서로 주의력을 기울이는 것을 일컬음)해서 안전하게 처리할 수 있지만, 작은 리듬이 깨져 사고로 직결되기 때문에 주의가 필요하다.

② 항상 에너지를 소중하게 보존하여 일을 즐겁게 하려는 특성

인간은 사바나(savanna: 열대 지방의 초원으로 우량이 적고 식물도 듬성듬성한 지역)를 달릴 때부터 천적인 육식동물의 공격을 피할 때 순발력을 발휘할 수 있도록 항상 에너지를 보존하는 습관을 길러왔다. 이러한 특성 덕분에 오늘날과 같은 기계화 · 자동화 기술이 진보한 것이다. 그러나 이러한 특성이 부실의 원인이 되었다는 것에도 주의하지 않으면 안 된다.

③ 주행성의 동물

인간은 태양이 떠있는 낮에 행동하게끔 디자인되었다. 따라서 야간에는 시력을 비롯하여 모든 기능이 저하되는 신체적 특성이 있다. 심야에서 새벽까지의 시간 동안에 교통사고 발생률이 증가하는 것이 이를 증명하고 있다. 일상생활에서는 좀처럼 이 사실을 인정하기 어렵다. 그러나 이와 같은 특성을 이해함으로써 심야 작업을 하기 전에 대응책을 강구할 수 있다.

④ 새로운 뇌와 오래 된 뇌의 갈등

인간이 행동을 할 때에는 항상 새로운 뇌(인간 뇌)와 오래된 뇌(원시 뇌)가 갈등한다. 오래된 뇌는 파충류 시대부터 명맥을 이어오고 있는 뇌로, 기본적인 생명 유지 기능을 분담하고 있다. 이에 비해 새로운 뇌는 대뇌 신피질로 원시 뇌를 둘러싸고 있어 이성이나 지능으로 사회성을 유지하는 기능을 맡고 있다. 오래된 뇌는 새로운 뇌보다 강하기 때문에 항상 생각지도 못한 사태를 초래한다. 예를 들어 야간 장거리 운전 중에 사고가 발생한 경우를 보자. 그 사건은 잠을 자려고 하는 오래된 뇌와, 그것을 억제하려고 하는 새로운 뇌가 갈등한 결과, 오래된 뇌가 이겨서 무의식중에 졸음운전을 하고 충돌사고를 일으키는 것으로 볼 수 있다.

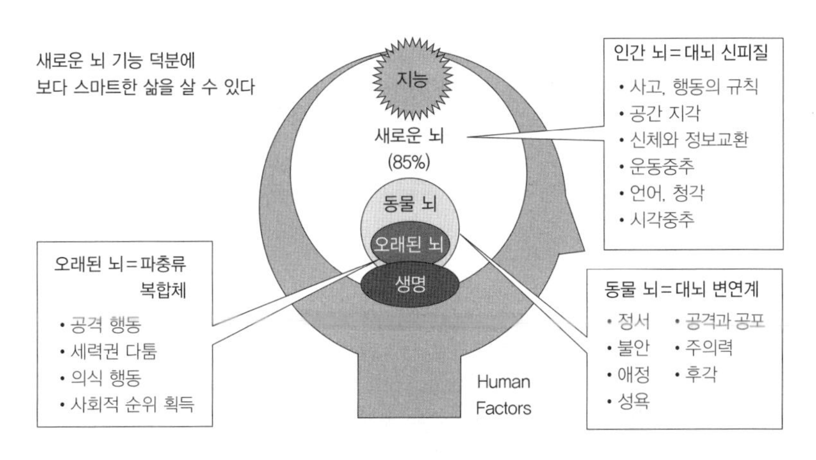

〈그림 2〉 뇌의 구분과 기능 분담

2) 인간의 행동 특성

이 외에도 인간의 행동 특성에 의한 정보 처리 프로세스의 각 단계마다 에러를 유발하는 요인이 있다. 즉 외부로부터의 자극을 감지하는 단계, 전처리 단계, 장기기억과의 조합 단계, 결심의 단계, 그리고 행동을 일으키는 단계 등 각각의 단계에서 〈그림 3〉처럼 오류를 일으키기 쉬운 구조를 가지고 있다.

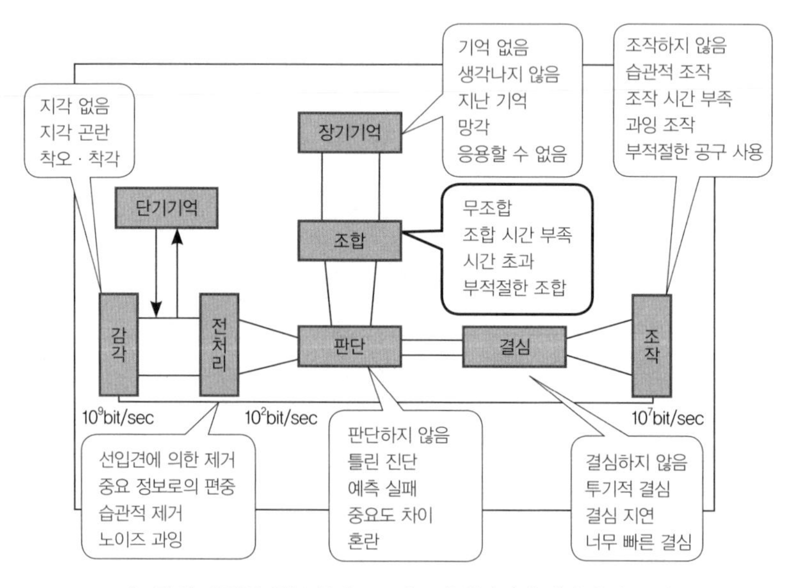

〈그림 3〉 인간의 정보 처리 프로세스에 있어서의 에러 유발 요인

3) 세 가지 행동 패턴—라스무센의 SRK 모델

인간이 정보 처리의 결과로서 행동을 일으키는 경우에는 세 가지 패턴이 있다.

① 지식(Knowledge) 기반 행동: 첫 경험, 즉 초보자 수준의 행위를 하나하나 생각하면서 행동한다. 어색하고, 한 가지에 집중한 상태이며, 조작이 늦다. 또 초조해지면 더욱 실수하는 특성이 있다.

② 룰(Rule) 기반 행동: 규정화된 행동, 익숙해지고 있는 행동, 일정한 조작 순서가 정해져 있어 손발이 자연스럽게 움직이기 시작한다. 주의에 대한 배려도 잘하게 된다. 그러나 옆에서 말을 걸면 움직임이 흐트러진다.

③ 스킬(Skill) 기반 행동: 반사적으로 취하는 행동과 숙련된 행동을 취하며, 손발을 자연스럽게 움직이고, 여유를 가지고 주변 환경에 주의를 기울일 수 있다. 그러나 뇌에 과도한 자신감을 갖기 시작함으로써 긴장감이 줄어들고, 무의식적으로 행동할 수 있다.

이러한 세 가지 행동은 무엇이 발생했는지를 인식하는 단계이며, 또한 어떤 행동을 할 것인가를 검토하는 단계로 실수하기 쉬운 구조이다.

룰 기반 행동은 어떤 룰을 선택해야 할 것인가를 생각하는 단계에서 문제가 존재하며, 스킬 기반의 행동은 무의식적이고 자동적으로 행동을 일으키기 때문에 무의식중에 에러를 범하여도 인식하지 못한다는 문제가 있다.

4. 에러의 분류

에러에 관한 연구는 오래전부터 진행되어왔다. 많은 학자들이 에러를 분류함으로써 그에 따른 대책을 마련할 수 있었다.

(1) 인지심리적 관점에서의 분류

(제임스 리즌James Reason)

영국 맨체스터 대학의 제임스 리즌은 에러를 인지심리적 관점에서 다음과 같이 분류하였다.

1) 의도하지 않는 행동에 의한 에러

스킬 기반의 행동(숙련 행동)처럼 무의식적이면서 자동적으로 행동을 일으키는 경우에는 의도하지 않게 빠뜨리거나 깜빡하여 에러를 일으키기 쉽다. 이를 '행위의 슬립(Action slip: 'A'를 하려고 했는데 'B'를 해버리는 것)', 또는 '기억력 감퇴(Memory lapses: 입력 및 저장의 실패)' 등으로 부른다.

2) 의도한 행동에 의한 에러

룰 기반 행동이나 지식 기반 행동에 있어서 의도적으로 선택한 순서나 작업의 구성이 잘못된 경우를 말한다. 당연한 결과가 의도와 다르게 나타나며, 이를 미스테이크라고 한다. 제임스 리즌은 여기에 '위반(Violation)'을 추가했다. 위반에는 일상적으로 반복되는 사소한 위반, '이 정도는 괜찮겠지'라는 낙관적인 위반, 필요에 의해 고민한 결과에 대한 위반 등 세 가지 형태가 있다. 이 중 특히 문제가 되는 것은 필요에 의한 절박한 위반으로, 이 때문에 에러를 바로 잡으려 할 때 위반자만을 추궁해서는 안 된다. 또한 매뉴얼이나 규칙을 관리하는 사람은 그것들을 지킬 수 있는 상태로 항상 업데이트해야 한다.

(2) 행동심리적 관점에서의 분류(AD. 스웨인Swain)

1) 탈락에 의한 에러(omission error)

당연히 해야 할 것을 하지 않은 에러, 조작의 누락이나 잊어버림 등을 말한다.

2) 수행에 의한 에러(commission error)

실시했지만 잘못된 것을 하고 말았다. 예를 들어,

타이밍을 잘못 잡았다 – 너무 빠른 조작, 너무 늦은 조작 등.

순서를 잘못 따랐다 – 조작 순서의 잘못 등.

선택 에러 – 온오프의 실수, 다른 스위치 등.

질적 에러 – 나사 조임이 너무 부족했음 등.

5. 에러 대책

지금까지 고안되고 실시되어온 다음과 같은 에러 대책은 그 나름의 효과를 발휘해왔다. 그것들은 직장이나 일반 가정생활에도 응용되고 있다.

(1) 에러 저항(Error Resistance: 에러 예방 대책)

1) 에러의 가능성을 최소화한다

실수하기 쉬운 것은 색을 달리하여 구분하거나, 모양을 바꾸거나, 보관 장소를 다르게 하는 등 병원이나 약국 등에서는 이러한 에러 예방 대책이 효과를 보이고 있다. 예로부터 항공기에서는 '컬러 코드(color code)'라고 불리는 배관이나 배선을 기능별로 채색 구분하여 정비나 점검 작업 시에 에러를 최소화하는 방책으로 채용해왔다.

2) 에러에 약한 부분을 보강한다

숙련된 조작은 순식간에 무의식적으로 실시되기 때문에 '조작의 누락'을 예방하기 위해 다음과 같은 체크리스트를 사용하여 재차 확인한다.

손발이 기억하지 못하는 비숙련 작업, 즉 예기치 않은 고장에 대한 조작이나 매일 실시하지 않는 조작 등에 대해서는 그것들을 정확하게 실시하기 위해 조작 요령을 기재한 체크리스트를 마련하여 예측 불가능한 경우를 대비한다.

항공기 같은 복잡한 시스템이나 원자력 발전소 등 거대한 플랜트에서는 이와 같이 인간의 특성에 의해 발생하는 에러 등에 대비하고 있다.

3) 에러 유발 원인을 제거한다

인간의 약점을 공학적으로 커버하려고 하는 것으로 실수하기 쉬운 조작이나 누락하기 쉬운 스위치 작동 등을 자동화하는 대책이다.

(2) 에러 허용 오차(Error Tolerance: 에러 허용 대책)

1) 에러를 깨닫게 해 수정하게끔 한다

여기에는 경보 장치 및 팀 모니터 등이 있다. 또 틀린 조작을 받아들이지 않는 공학적 검토나, 장치의 운전 중에 위험한 조작을 수행해도 기계를 멈추게 해 부상당하지 않도록 하는 인터록(interlock) 기구 등이 있다.

2) 에러에 따른 피해 최소화

그럼에도 불구하고 에러를 예방하지 못한 경우에는 그 피해를 최소한으로 억제하는 방책이 있다. 자동차의 충격 흡수 구조나 안전벨트, 에어백 장치, 그리고 불연성 재료를 사용해서 자동차나 항공기 사고에서도 화재로 인한 피해를 최소한으로 하는 등의 대책이 요구되는 사례이다.

6. 실패에서 배우는 지혜

이러한 에러 대책은 모두 실패로부터 교훈을 얻어 고안된 것이다. 간단한 도구를 사용하는 시대부터 산업혁명을 거쳐 기계화가 진행되고, 급기야 자동화 시대의 대량생산에 이르는 문명의 진화와 함께 실패에서 배우는 지혜도 고도화 · 전문화되었다고 말할 수 있다.

농경을 중심으로 한 가내수공업 시대에 확립된 문화에서 정착된 사회질서 개념도 환경 변화에 따라 전환하지 않으면 안 된다. 손실을 일으킨 사고가 발생된 경우 '주의 의무'의 방법으로 성립된 재발 방지 개념은 고도의 문명사회에서는 이미 진부한 것으로 여겨지고 있다. 복잡한 시스템에서는 '당사자의 주의 환기'만으로는 문제가 해결되지 않는다. 실패의 실태와 그 배후 요인을 정확하게 밝혀냄으로써 비로소 그로부터 대책을 마련할 수 있다.

자동화가 진행되는 거대한 생산 시스템에서의 작업 과정에는 발생한 사고발생현상을 정확하게 조사하여 과학적으로 분석함으로써 효과적인 재발 방지 대책을 마련할 수 있다. 사고와 가장 밀접하게 연관된 당사자의 행위에 주목하여 현재 나타나고 있는 구체적인 에러만을 위한 대책을 강구해도 시스템 전체를 파악하지 않는 한 동일한 유형의 사고가 계속 발생할 것이다. 이러한 관점에서 실패를 바라보는 것이야 말로 가장 최근에 일어난 실패로부터 배우는 지혜인 것이다. 동일한 사고를 반복해서 일으키지 않기 위해서는 이와 같은 발상법이 반드시 필요하다.

제2장

사고발생현상 재검토

1. 사건의 연쇄(chain of events)

앞서 휴먼팩터의 관점에서 검토한 바와 같이 휴먼에러는 사람이 범하는 것보다 다른 많은 배후 요인에 의해 유발되는 것으로 보는 것이 타당하다. 사고발생현상에 대해서도 이와 같은 발상이 필요하다. 즉, 단 하나의 요인 때문에 사고에 이르는 경우는 극히 드물다고 봐야 한다. 그러니까 몇몇 좋지 않은 상태나 에러가 연쇄적으로 이어지고, 어느 한 군데에서도 단절되지 못한 채 사고로 이어지는 것이다(〈그림 4〉).

이러한 사고방식은 사고발생현상을 단순하게 인식하여 전체의 모습을 놓치는 것을 막기 위해 마련된 것이다. 그동안 사고가 일어나면 가장 가까이에 있는 당사자의 행위만을 파악하여 책임을 추궁하고, 문제가 되었던 1건을 결말지으려는 일본의 전통적인 사고발생현상에 대한 견해를 이러한 사고방식을 응용해서 크게 전환시키

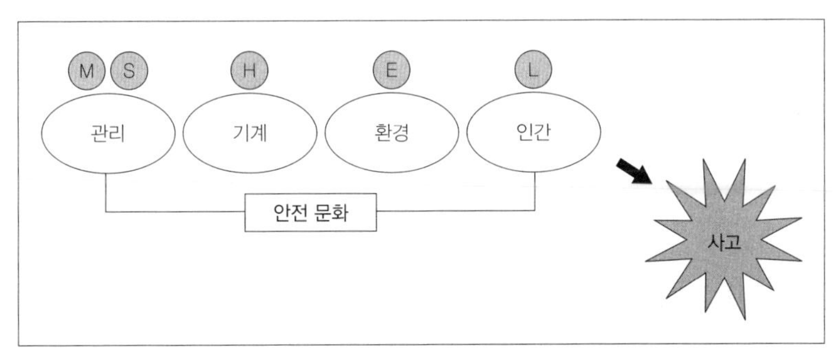

〈그림 4〉 사건의 연쇄(Chain of Events)

지 않으면 안 된다.

사고 당사자를 찾아서 책임을 추궁하는 방향으로 사건을 다루면 사고를 보는 관점이 좁아져버려 사고의 전체상을 놓쳐버리기 쉽다. '왜 일어났는가?'라는 반문과 인식 전환을 통해 폭 넓은 시야로 사고와 관련된 모든 사상에 주목해야 한다. 확실하게 보이는 당사자의 에러가 왜 유발되었는지, 왜 그것들의 요인이 이어지게 되었는지, 왜 그것들을 단절시키지 못했는지 등 잠재된 배후 요인에 주목함으로써 사건의 연쇄를 상세하게 추적할 수 있다.

책임추구형에서 대책지향형으로의 발상 전환은 사건의 연쇄라는 사고발생현상의 인식 전환에 의해 가능하다.

2. 당사자에러와 조직에러

사건의 연쇄를 추적하다 보면 당사자 개인의 문제뿐만 아니라 조직이나 시스템 전체의 문제에 직면하게 된다. 조작 미스나 깜박하여 놓치는 행위 등 구체적으로 드러나는 당사자의 에러 원인이나 에러 내용이 사고로 이어지는 것을 방지할 수 없었던 환경이나 배경 등이 바로 명확하게 나타나는 것이다. 어쩌면 그것들은 당사자 개인의 휴먼팩터 범주가 아닌, 기계나 플랜트가 좋지 않은 상태였거나 부적절한 절차서 및 불충분한 훈련, 또는 작업 환경과 관련된 준비 부족이나 일부 작업자에게 편중된 근무시간과 같은 허술한 관리 등, 조직적으로 대응해야 할 문제인 경우가 많다. 이러한 것들을 총칭해서 '조직에러'라고 한다.

당사자에러는 작은 문제이지만, 확연히 드러난 만큼 지적하기 쉽고 대책도 세우기 쉽다. 그래서 현장 관리자가 쉽게 파악할 수 있다. 허나 조직에러는 문제가 크고 잠재된 것이기 때문에 알아보기 어렵다. 또한 조직의 문제이기 때문에 지적하기 어렵고, 해결책도 간단하게 구축할 수 없기 때문에 주목받기 어렵다는 특징도 있다. 그러나 이러한 조직에러를 간과하고, 처리하기 쉬운 당사자에러에 대한 대책만 세우고서 사건을 종결짓는다면 동일한 사고가 반복된다는 사실에 주의할 필요가 있다.

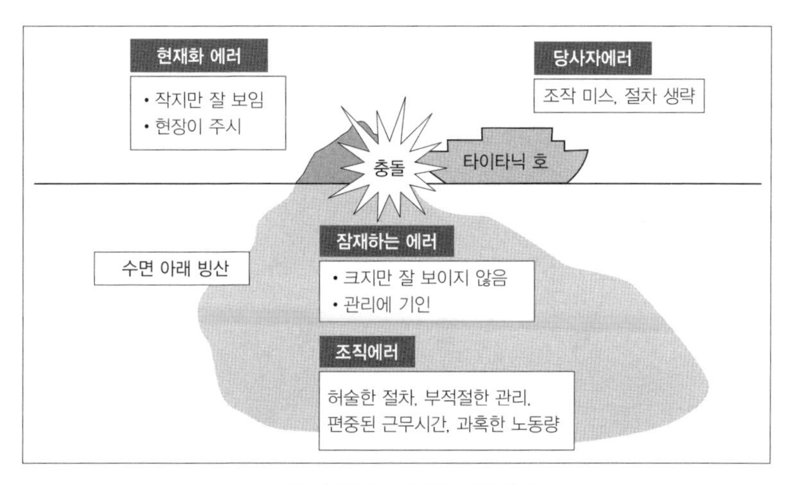

〈그림 5〉 당사자에러와 조직에러

3. 에러의 배후 요인과 그 흐름
(에러를 유발하는 상황의 흐름 = EFC)

앞서 살펴본 것과 같이 조직에러에 주목함으로써 '사건의 연쇄' 개념을 더욱 상세하게 이해할 수 있다. 이를 통해 최전선의 당사자 에러를 유발한 배후 요인의 상황 흐름을 정확하게 파악할 수 있다. 이것을 EFC(Error Forcing Context)라고 부른다. 많은 조직에러가 어떻게 당사자에러를 유발하고, 또는 왜 에러의 연쇄를 단절시킬 수 없었는지, 그리고 어떻게 해서 사고에 이르게 되었는지를 정리하기 위한 모델이 〈그림 6〉이다.

이것은 프랭크 E. 버드 주니어의 도미노 이론(버드의 법칙)에서 힌트를 얻어 사고 발생의 메커니즘을 간략화한 모델이다. 하지만

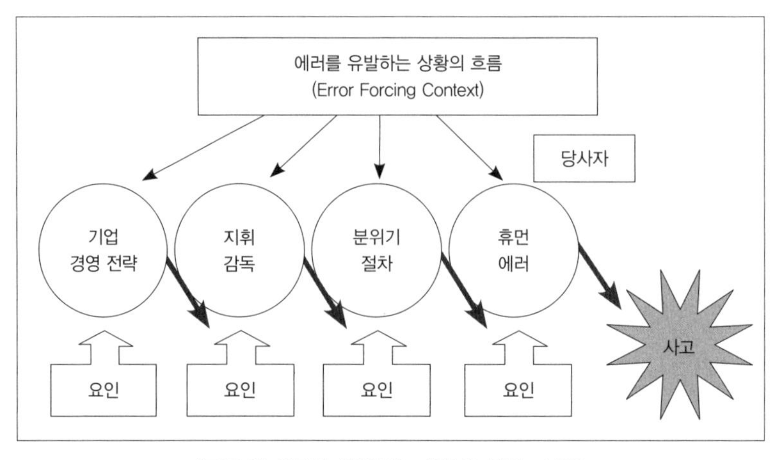

〈그림 6〉 에러를 유발하는 상황의 흐름 = EFC

에러를 유발하는 배후 요인을 상황의 흐름으로 인식하고서 요인 간의 상관관계 역시 탐구할 수 있다. 조직에러는 계층성이 있기 때문에 현장에서 일상적으로 사용되는 절차서나, 그것을 받아들이는 현장 분위기에서 그 요인을 찾을 수 있다. 아울러 작업 감독이나 교육훈련 기획관리 등 관리감독 층의 에러는 물론 기업 철학이나 기업 경영 전략의 명시 등 기업 최고경영자의 문제로까지 확대될 수 있다.

4. 조직에러 대책(systematic approach)

조직에러는 당사자에러와 함께 그 요인을 미리 밝혀내어 효과적인 대책을 수립하지 않으면 점차 커져서 결국 손을 쓸 수 없는(제어 불가능한) 상태에 빠질 수 있는 에러이다. 또한 조직이 의식하고 제도를 만들어 체제를 정비하고, 담당자를 지명하여 권한과 비용을 마련해서 시스템적으로 접근하지 않으면 개선은 기대할 수 없다.

조직적 대책은 문제의 규모에 따라 대응책이 다르다. 위험 예지 활동 등 직장의 그룹 단위에서 실시 가능한 과제, 리스크 매니지먼트 시스템의 구축과 같은 기업 등 조직 전체에서 대응하는 과제, 공해 방지 협정 등 업계별로 협의회 등을 편성하여 해결해야 하는 과제, 노동안전위생 매니지먼트 시스템 및 가이드라인 등 행정 레벨의 과제, 그리고 국가 범위를 넘어선 지구온난화 방지 조약 등과 같은 세계적인 레벨의 접근 등이 있다.

어떤 레벨에서 대응하더라도 조직에러를 명확히 하고, 과학적으로 분석한 뒤 대책을 마련하지 않으면 안 된다.

① 소집단적 어프로치: 위험 예지 활동(KY 활동), TBM(Tool Box Meeting), QC 활동 등의 현장 그룹 활동을 중심으로 한 접근

② 기업적 어프로치: 탑의 정책을 명확하게 나타내고, 그것을 실천하기 위해 리스크 매니지먼트 체제의 구축이라는 계획적이고 조직적인 접근

③ 산업계 어프로치: 공해 방지에 관한 산업계 헌장을 채택, 산업계 기술자의 논리 확립 등 업계 단위로의 접근

④ 행정적 어프로치: 법 규제로 자주 대응

법률로 규제하여 직원이나 주변 주민의 안전을 확보하려고 하는 생각은 이미 자리를 잡았다. 아울러 이것을 대신할 기업의 자주적 대응에 의한 실질적인 활동을 추구하는 세계적인 움직임이 일어나고 있다. 엄격한 법 규제하에서는 일정 수준의 합격점에 도달하면 행정적으로 인정받을 수 있기 때문에 기업은 그 이상의 안전 노력을 하지 않기 때문이다. 중대 사

고는 그 합격점과 법이 추구하는 목표 사이에서 일어난다. 다만, 자주적인 대응에 있어서는 100% 달성 목표를 나타내는 가이드라인을 명확하게 제시하는 것이 필요하다.

⑤ 글로벌 어프로치: 지구환경 보전 등 국제기관에 의한 조약 제정, 노동안전위생 매니지먼트 시스템 및 가이드라인 제정, 품질 및 환경 등의 ISO 기준에 의한 도달 목표의 명시와 대응 결과의 인증 등 국제 표준이라는 개념이 주가 되고 있다.

당사자에러에 대한 대책은 비교적 오래전부터 연구되어왔다. 하지만, 조직에러에 대한 시스템 어프로치는 시스템 에러의 규모가 워낙 방대하고, 일어나는 대참사의 모든 스토리를 예측하는 것이 불가능하다는 사정이 있어서 의외로 진전이 없는 것이 현실이다. 앞으로 해결해야 할 커다란 과제이기도 하다.

사고발생현상의 인식에 따라 표면적으로 당사자 레벨의 작은 에러에만 주목할 것인지, 배후에 잠재하고 있는 커다란 조직에러까지 탐구해나갈 것인지가 결정된다. 연속해서 일어나는 사고를 억제하고 동일한 사고의 재발을 방지하는 것을 지향한다면 좋든 싫든 조직에러에 주목하게 될 것이다.

제3장

리스크 매니지먼트의 사고방식

1. 리스크 매니지먼트의 개념

리스크 매니지먼트는 예전부터 산업계에서 사용하고 있는 용어이다. 1960년대에 유럽 및 미국으로부터 유입된 경영학(Business Administration)에는 그 핵심으로 논의되어온 경영관리(Business Management)의 기법 중 하나로 이 단어가 사용되었다. 직원의 인사사고나 상거래상의 분쟁을 미연에 방지할 것, 사고나 분쟁이 일어나더라도 신속하게 대처하여 기업의 손해를 최소한으로 하는 것 같은 목적을 가지고 있다.

따라서 각 산업 부문 간에는 리스크 매니지먼트에 대한 이해가 서로 달랐다. 그러나 최근에 와서 '노동안전위생 매니지먼트 시스템'이라는 사고방식이 산업계에 확산되고 글로벌한 용어로 사용되면서 ILO(국제노동기관)가 제시한 가이드라인이나, 일본 정부에서 일반인에게 공개한 동일한 지침에 의해 서로를 이해하는 방향으로 변화하고 있다. 예를 들어 예로부터 의료 분야에서의 리스크 매니지먼트는 의료사고에 대한 환자 측의 클레임 내지는 소송에 대처하기 위한 관리 방법으로 생각되었다. 그러나 최근에는 의료의 질을 높여 사고를 미연에 방지하는 것이 가장 효과적인 리스크 매니지먼트라는 식으로 인식이 바뀌었다.

또한 최근에는 지금까지 생각할 수 없었던 대규모 사고재해(고베

대지진, 도쿄 지하철 사린 사건 등)가 빈번하게 일어나면서 '위기관리' 라는 용어도 자주 사용되고 있다. 태평양전쟁이 끝나고 반세기가 지나면서 전쟁의 비참함을 잊어버린 탓이기도 하겠지만, 그보다도 위기관리의 필요성에 대해 실감하지 못하는 탓일지도 모른다. 그러나 사회를 뒤흔드는 사건이 일어날 때마다 그것을 해결하는 책임자는 위기관리라는 용어를 자주 사용하고 있다. 여기서 리스크관리와 위기관리를 정리해서 보자. 본래 둘은 명확하게 구분해 사용하는 성질의 것이 아니지만 혼동하는 것 역시 안전성을 높이는 활동을 하고 있는 현장에 결코 유리하지 않다.

2. 리스크 매니지먼트와 위기관리

양자를 행동심리적으로 비교하면 위기관리란 사고나 트러블이 발생한 직후에 취해야 할 처치라는 것이 명확하다. 사고 발생 시 신속하게 대처하고 피해의 확대를 방지하는 동시에, 사고 후의 모든 것을 마무리하는 3단계로 이루어진 조직적 행동이 필요하다. 대체로 사고는 시간이 부족하고, 충분하지 않은 정보를 가지고 정확한 판단을 해야 하며, 인적 자원과 물적 자원도 충분하게 수집되지 않은 상태에서 대처할 수밖에 없다.

이와 같은 상황하에서는 지휘(Command), 통제(Control), 의사소통(Communication)이라는 '3C'와 정확한 정보(Intelligence)라는 'I'가 중요한 요소로 작용한다. 그리고 긴급 사태가 발생하면 사후 수습을 실시하는데, 여기에는 두 가지 과제가 있다. 그 첫 번째는 사회에 대한 설명 책임(Accountability)이다. 과실의 유무에 관계없이 사회에 대한 상황 설명과 유감의 뜻을 표명하는 것이다. 사건의 경위를 설명하는 동시에, 그 시점에서 알고 있는 정보를 전달해야 한다. 두 번째는 피해자 구제를 위한 보상이 필요하다는 점이다.

일련의 위기관리 활동이 종료되면 사고 조사 과정에서 교훈을 얻고, 재발 방지 대책을 마련하지 않으면 안 된다. 당면한 위기관리 활동에 지쳐서 재발 방지 대책을 마련하는 데 실패하면 곧바로 위험이 덮쳐옴으로써 연이은 사고로 이어진다. 그것은 사고 원인의 배후 요인을 방치했거나 관련 조처를 취하지 않았다는 사실의 증거가 된다. 고귀한 희생을 면치 못한 사고로부터 실패의 교훈을 살려 지혜를 이끌어내지 않는 것은, 인류가 오랜 시간을 거쳐 구축해온 DNA(유전자)를 포기하는 것과 같다.

이와 같이 위기관리의 행동심리학적 측면을 정리하면 '리스크 매니지먼트'란 결국 사고를 미연에 방지하는 '안전 사고 예방 활동'이라는 것이 명확해진다. 조직의 안전 관리 관점에서 이를 인식하는 것은 무엇보다 일상 업무에 잠재된 위험인자를 미리 파악하여 이를 분석한 뒤 대책을 마련하고, 그것을 실천하여 사고에 이르기 전에 문제를 해결하는 활동이다. 즉, 일상 업무에 잠재된 위험인자가 무수히 많음을 아는 것이 중요하다.

그래서 이 활동을 '최후의 승리' 없는 장기 게릴라전이다[도쿄전력(주) 휴먼팩터연구팀 고노 류우타로우]"라고 표현하는 것이다. 위험인자는 하드웨어의 문제, 스프트웨어의 문제, 또는 환경의 문제이기도 하며, 사람의 문제이자 전체를 관리하는 매니지먼트의 문제일수도 있다. 이를 미리 파악하는 수단으로는 관리자에 의한 현장 순시나 안전 감사 같은 방법과 함께 작업자 자신이 체험한 문제점을 제도화된 보고 제도로, 자주적으로 보고하는 방법 등도 효과적이다. 다만 어떠한 수단으로 파악했든 간에 적절하게 처리하는 것이 중요하다. 잠재된 많은 위험인자를 파악했더라도, 그것들을 분류하는 것으로는 불충분하다. 그것들의 실패 경험의 배후에 잠재하고 있는 유발 요인을 남기지 않고 규명해야 한다. H. W. 하인리히가 주장하는 것처럼 300건의 사소한 실패의 배후에는 커다란 조직적 에러가 잠재하고 있을지도 모른다. 명확하게 "리스크"라고 인식할 때까지 탐구하고, 그 리스크를 낮추고 줄이는 대책을 확립하는 것이 리스크 매니지먼트의 기본이다(그림 7).

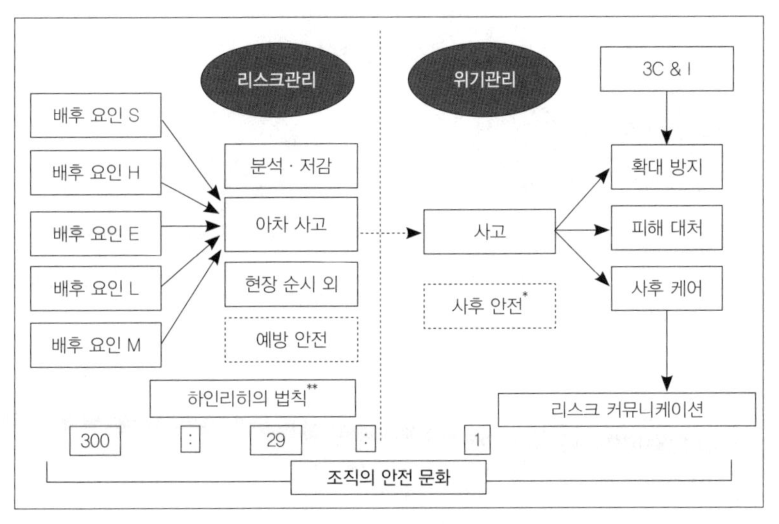

〈그림 7〉 리스크 매니지먼트와 위기관리

* 사후 안전: 사고로부터 교훈을 얻어 개선해가는 것. _옮긴이 주

** 하인리히의 법칙: 사고나 재난이 일어날 때에는 다양한 징후가 나타나니, 이를 미리 알아차리고 대비해야 한다는 주장. _옮긴이 주

3. 안전 매니지먼트 사이클 구축

전혀 드러나지 않는 리스크를 밝혀 그것들을 줄여가는 활동은 확실히 게릴라전이라 할만하다. 이 싸움을 할 때는 개인의 자질에만 의존해서는 영원히 승리할 수 없다. 제도를 만들고 체제를 정리하여 책임자를 배치하고 조직적으로 접근하지 않으면 안 된다. 그 골격을 이루는 체제가 바로 '안전 관리 사이클(Safety Management Cycle)' 마련이다.

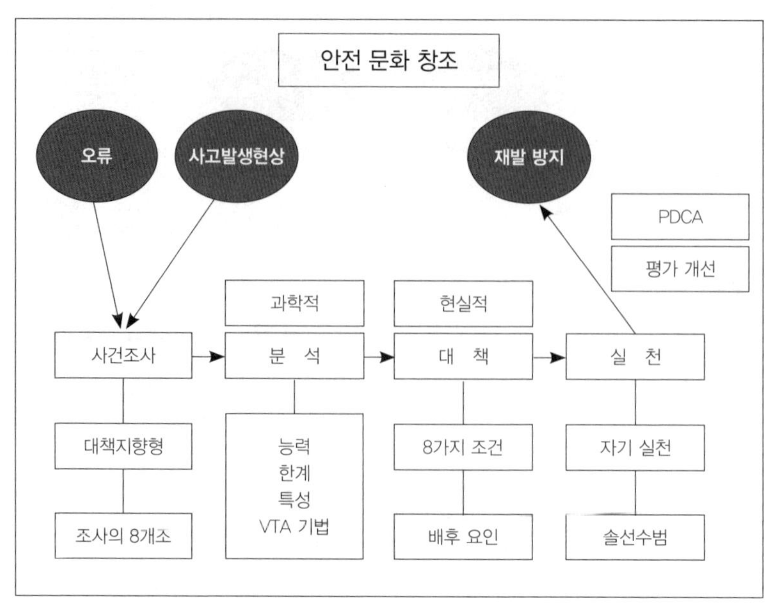

〈그림 8〉 안전 매니지먼트 사이클 구축

(1) 사건의 정확한 파악

실패 사례나 오류 사항을 정확하게 파악하는 것이 첫 번째로 해야 할 일이다. 여기서는 사고나 실패를 인식하는 자세를 바꿔야 한다. 즉, '과실을 비난하는' 풍조를 변화시키는 것이다. 책임추궁형에서 재발 방지를 위한 대책지향형으로 의식을 전환해야 한다. 앞에서 언급한 것처럼 책임을 추궁당하는 당사자가 자기 방위 본능이나 조직 방위 본능 때문에 정확한 사실을 파악할 수 없을 가능성도 있기 때문이다.

(2) 사건의 과학적 분석

사건이 명확해지면 과학적 분석 단계로 넘어간다. 인간의 능력이나 그 한계, 다양한 특성 등에 비춰 휴먼팩터의 관점에서 사건을 분석한다. 여기서는 사건에 적합한 분석 기법을 선택하는 것이 필요하다. 오류의 분석 기법은 다음과 같이 많은 연구자들에 의해 제안되고 있다.

1) FTA(Fault Tree Analysis)

시스템의 결함 사건(TOP 사건: 시스템이나 기기의 작동 중에 발생해서는 안 되는 중대 고장)을 설정하고, 이와 관련된 서브시스템, 구성품 등의 원인으로 간주되는 하부 사건과 논리 기호를 활용하여 FT(Fault Tree)도를 작성한다. 또한 기본 사건에 고장 발생 확률을 할당, TOP 사건의 발생 확률을 정량적으로 산출하는 것이 가능하다. 시스템의 결함 사건과 관련 신뢰성 문제의 검토 및 필요한 대책을 강구하는 기법이다.

2) RCA(Root Cause Analysis)

당사자에러의 표면화된 사실뿐만 아니라, 그 배후에 잠재하는 시스템적인 약점을 탐구해서 효과적인 재발 방지 대책 마련을 이끌어내기 위한 툴이다. 미국의 퇴역군인병원(VA)에서, 'VA 방식의

RCA 분석 기법'으로 사용되고 있다. 일본에서도 국립보건의료과학원의 교육 커리큘럼에 포함시키는 것 외에도 네리마종합병원 등에서 유해 사건이나 아차 사고 보고 등의 분석에 활용되고 있다.

3) FMEA(Failure Mode and Effect Analysis)

설계의 잠재적인 고장 유형을 찾아내고, 그 고장 시스템에 미치는 영향을 순차적으로 고찰하여 정성적으로 평가하고, 시스템 신뢰성의 문제점 및 필요한 대책을 강구하는 분석 기법이다.

4) MORT(Management Oversight Risk Tree)

사고재해의 발생 원인을 배경적 요인, 발단적 요인, 매개적 요인, 직접적 요인으로 분류하고, 시퀀스(sequence)상에 이요인들이 쌓여서 사고재해에 이른다는 생각을 기반으로 한 시스템을 모델로 인식하는 기법이다.

5) VTAV(Variation Tree Analysis)

이 책에서 자세히 소개하고 있는 것으로, 작업 주체별로 시계열 행동의 흐름을 상호관계적으로 추적하고, 사고방지를 위해 제거해야 할 변동 요인(노드node)과 그 흐름을 검색하는 기법이다.

6) Why Why 분석(Why Why Analysis)

일어난 사건에 대해서 왜 그렇게 되었는가를 상세하게 추적하는 기법이다.

7) Medical SAFER(Safety Approach For Error Reduction)

최근 완성된 사건 분석 기법으로, 알기 쉽고 현장에서 활용하기 쉽게 고안되었다.

8) J-HPES(Japanese Version-Human Performance Enhancement System)

이것은 미국에서 개발된 HPES(Human Performance Enhancement System) 법을 일본의 현장에 맞게 개량한 것으로, 원자력 발전소의 보수 작업에서 일어난 사고를 개개의 배후 요인까지 객관적으로 빠짐없이 분석하는 것을 목적으로 한 기법이다. 각종 테스크 어날리시스(Task Analysis)나 FTA, 다중방호 등의 계층적 대책 이론 등을 베이스로 하고 있으며, 현재 원자력 산업 현장에서 일반적인 사고 분석 기법으로 이용되고 있다.

9) M-SHEL 모델

발생한 문제가 소프트웨어, 하드웨어, 환경, 사람, 매니지먼트 중 어느 영역에 존재하였는지를 분석하는 기법이다.

10) M-SHEL/4E Matrix 정리 기법

'M-SHEL(Management L-S, L-H, L-E, L-L, L)에 의해 원인 분석 결과를 정리한다면 바로 4E(Education, Engineering, Enforcement, Example) 중 어느 기법을 통해 구체적으로 개선해갈 것인가?' 라는 관점에서 대책을 마련하는 기법이다.

안전 관리 사이클에 있어 현장에서의 분석 단계는 발생한 사건의 휴먼팩터 분석에 적합한 기법을 선택할 필요가 있다. 손쉽게 적용할 수 있고, 나아가 사건의 배후에 잠재하는 유발 요인을 발견할 수 있도록 하는 것이 바람직하다.

(3) 효과적인 대책 유도

분석이 가능하면 효과적인 대책 역시 이끌어낼 수 있다. 대책은 현장에서 받아들여져야 하기 때문에, 다음과 같은 여덟 개의 요건을 만족시켜야 한다. 바로 확실성, 적중성, 구체성, 영속성, 보급성, 정합성, 실행 가능성, 경제성 등이다.

또한 대책을 확실하게 실천하는 것이 중요하다. 그래서 관리자의 "내가 해결한다"라는 솔선수범하는 자세가 필요하다. 또 실천한 결과를 평가하고, 필요에 따라 개선하는 것이 중요하다. 즉, 'PDCA(Plan-Do-Check-Act)'에 적용함으로써 주효한 개선 활동을 통하여 계속 개량되고 향상시켜가는 기법이다.

1. 말단까지 대책을 정확하게 전달한다.
2. 대책의 경위와 목표를 설명한다.
3. 몸으로 실천하고 방법론을 명확하게 제시한다.
4. 관리자가 솔선수범의 자세를 보인다.

⇧

5. "실천한 뒤 보여주고, 말한 뒤 들어주고, 시킨 뒤 확인하고, 칭찬하지 않으면 사람은 움직이지 않는다."

– 야마모토 이소로쿠(山本 五十六: 옛 일본 연합함대 사령관)

〈그림 9〉 대책의 확실한 실천

제4장

휴먼팩터 분석

1. 지금, 왜 휴먼팩터 분석이 필요한가

안전 관리 사이클에서 가장 중요한 것은 현상의 과학적 분석이다. 특히, 휴먼팩터 분석이 가장 필요하다. 사고나 사건이 발생한 경우 물리적인 형태나 흔적은 남지만, 휴먼팩터에 관한 문제점이나 사실은 전혀 남지 않기 때문이다. 따라서 당사자나 관계자의 기억이나 증언에 대한 사실 정보가 필요하다. 또한 사고 후 남은 물리적 사실과 계속 대조하여 확인하고, 발생한 사실을 정리하여 배후 요인을 분석하는 자료로 활용한다.

지금까지 살펴본 것처럼 표면적인 당사자의 에러에는 많은 배후 요인이 잠재되어있다. 따라서 '무엇이 언제 누구에 의해 일어났는가?'뿐만 아니라, '왜 일어났는가?'를 분석하지 않으면 배후 요인을 밝힐 수 없다. 또한 재발 방지 대책을 마련하는 단계에서는 에러의 당사자가 어떤 행위를 했는지와, 그 에러를 유발한 많은 배후 요인

사고	사건	아차 사고
'중대한' 중상이나 손해를 동반하는 사건. 항공 분야와 같이 손해 정도를 엄밀하게 명시하고 정의하는 예도 있음(하인리히 법칙 1건 레벨의 사상).	'경미한' 상해나 손해를 동반하는 사건. 또는 손해를 동반하지는 않지만 위험한 사건(하인리히 법칙 29건 레벨의 사건). 안전 보고 대상이 되기도 함. 아차 사고도 이 범주에 들어가는 경우가 많음.	상해도 손해도 동반하지 않은 사건으로, 위험하지 않다라고 느낀 실패 체험 등(하인리히 법칙 300건 레벨의 사상). 이 레벨의 체험은 책임 추궁의 대상이 되지는 않지만 안전 정보의 귀중한 자료로 기능함.

〈표 1〉 사고와 사건 및 아차 사고의 차이

을 제거할 만한 구체적인 방책을 이끌어내지 않으면 안 된다.

사실 관계를 파악하고 그 배후 요인을 찾아낼 때는 그 배후에 잠재해 있던 배후 요인까지 규명해야 한다. 일어난 사실을 파악하는 것은 일반적인 행동, 조작, 판단 등에서 벗어난 상황을 정확하게 알아내는 것이다. 에러의 본질이기도 한 '의도하지 않은 결과'가 어디까지 일어났는지, 그것이 어떤 영향을 미치고 있는지, 그리고 어떠한 흐름 속에서 보다 더 커다란 문제로 발전하고 있는지를 상세하게 규명해가는 것이다.

이와 같이 표면화된 사실뿐만 아니라 그 배후에 잠재하고 있는 배후 요인을 중심으로 인간의 능력이나 한계, 기본적 특성이라는 관점에서 분석해가는 기법을 휴먼팩터 분석이라 한다.

기호	기호의 의미	
X (AND 게이트 기호) A B	AND Gate	모든 입력 사건(A, B)이 공유하는 경우에만 출력 사건(×)이 발생한다. 이론적인 관계는 이론 곱으로 다음과 같다. A · B = X
X (OR 게이트 기호) A B	OR Gate	입력 정보 중 적어도 어느 하나(A 또는 B)가 일어나면 출력 사상(×)이 발생한다. 이론적인 관계는 이론 합으로 다음과 같다. A + B = X

〈표 2〉 FTA에 있어서 논리 기호(발췌)

2. VTA 기법에 관한 기본적 이론

사고발생현상의 분석법에 대해서는 제3장에서 언급한 것처럼 많은 기법이 이용되었다. 하지만 휴먼팩터에 관한 분석에서는 일반적인 것과는 다른 행동이나 조작, 또는 에러가 일어난 순서가 중요하다. 1980년대 중반 '르플랫 J. & 라스무센 J.'에 의해 시간축에 따라 사고발생현상을 분석하는 기법이 제기되었다. 그 내용은 다음과 같다.

베리에이션 트리 분석법(VTA)은 1987년 르플랫 J. 및 라스무센 J.에 의해 인지과학 분야에서 제안된 대책지향형의 정성적 사건의 사후 분석 기법이다. 이는 일반적인 것으로부터의 변화나 일탈에 주목하여 어느 시점에서 그와 같은 경향이 나타났는지를 규명한다. 따라서 추정적인 요인을 포함하지 않고 확정 사실만을 분석 대상으로 한다. 일반적인 것처럼 모든 것이 진행된다면 사고는 발생하지 않는다는 관점에서, 일반적인 것으로부터 일탈한 행동이나 판단, 그 결과인 상태 등이 사고 발생과 관련이 있다는 것이다. 일반적인 것에서 일탈한 행위 등을 총칭해서 변동 요인(노드)이라고 부른다. 그것들을 시계열로 정리해서 기술함으로써 일탈해가는 모습을 상세하게 검토한다. 그중에서 제거해야 할 변동 요인(Cancelling Node), 일반적인 것으로부터 일탈시킨 배후 요인이나 차례차례 연쇄되는 변동 요인의 관련을 단절(breaking path)시키지 못했던 환경요인 등을 명확히 하는 것이다.

트리 작성 방법은 FTA의 사고에 근간을 두고 있으며, 발생 순서에 따라 정리하는 것과, 'AND Gate'만 사용하고 'OR Gate'를 사용하지 않는 것이 특징이다.

초기 단계에서 르플랫 J.가 제안한 VTA 기법은 다음과 같다.

시나리오

트럭 운전사가 화물 배달 지시를 받았다. 그러나 그가 늘 운전하던 트럭이 고장 나서 다른 트럭을 사용하게 되었다. 그 트럭은 익숙하지 않을뿐더러 브레이크에도 문제가 있다는 것을 알았다. 게다가 화물까지 과적했다. 또 늘 이용하던 도로가 공사로 폐쇄되었다. 여기서 운전사는 우회도로를 선택했는데, 그 루트에는 생각지도 못했던 급경사 내리막길이 있었다. 내리막길에 더해 브레이크마저 불량이었기 때문에 속도가 붙어 도로를 따라 잘 달릴 수가 없었다. 트럭은 끝내 핸들 제어력을 잃은 채 도로를 벗어나 측벽에 충돌했고, 운전사는 중상을 입었다.

일반적인 상황으로부터 일탈한 상태는 자주 있는 일이며, 반드시 행위자의 의도에 따른 것이라고는 할 수 없다. 그 요인은 도구나 기계의 상태일 수도 있고, 도로나 날씨와 같은 환경일 수도 있다. 이와 같이 분석해가면 운전사가 브레이크에 문제가 있다는 것을 알아차리고도 트럭을 사용한 것이 문제로 드러난다. 또한 늘 다니던 도로가 공사로 폐쇄되어 다른 도로를 선택했지만, 본의 아니게 급경사 도로였다. 이 우회도로 선택에도 문제가 있다. 르플랫 J.는 이러한 사건을 〈그림 10〉과 같이 알아보기 쉽게 정리한 다음 상세히 분석했다.

또한 르플랫은 이것을 라스무젠의 '라다 모델'에 적용하여 상세하게 분석했다(〈그림 11〉 라다 모델, Rasmussen J.).

그 결과 다음과 같은 대책을 이끌어냈다.

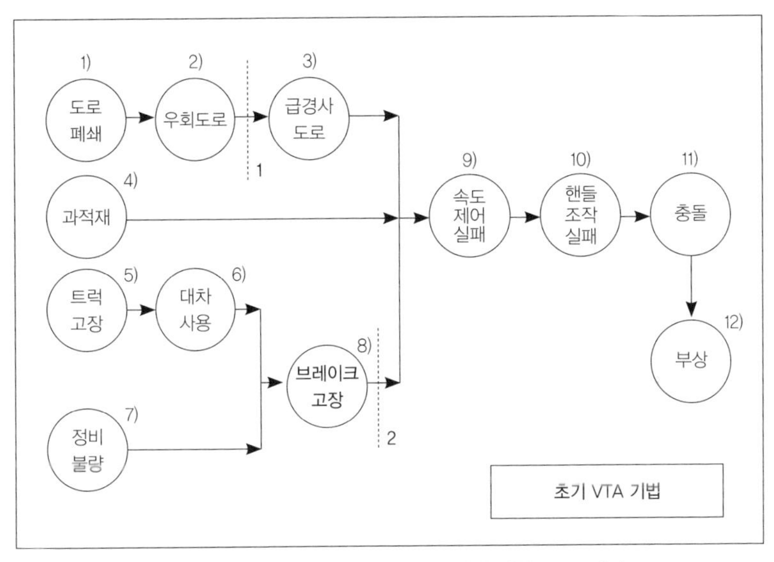

〈그림 10〉 르플랫 & 라스무센의 제안에 의한 VTA 기법

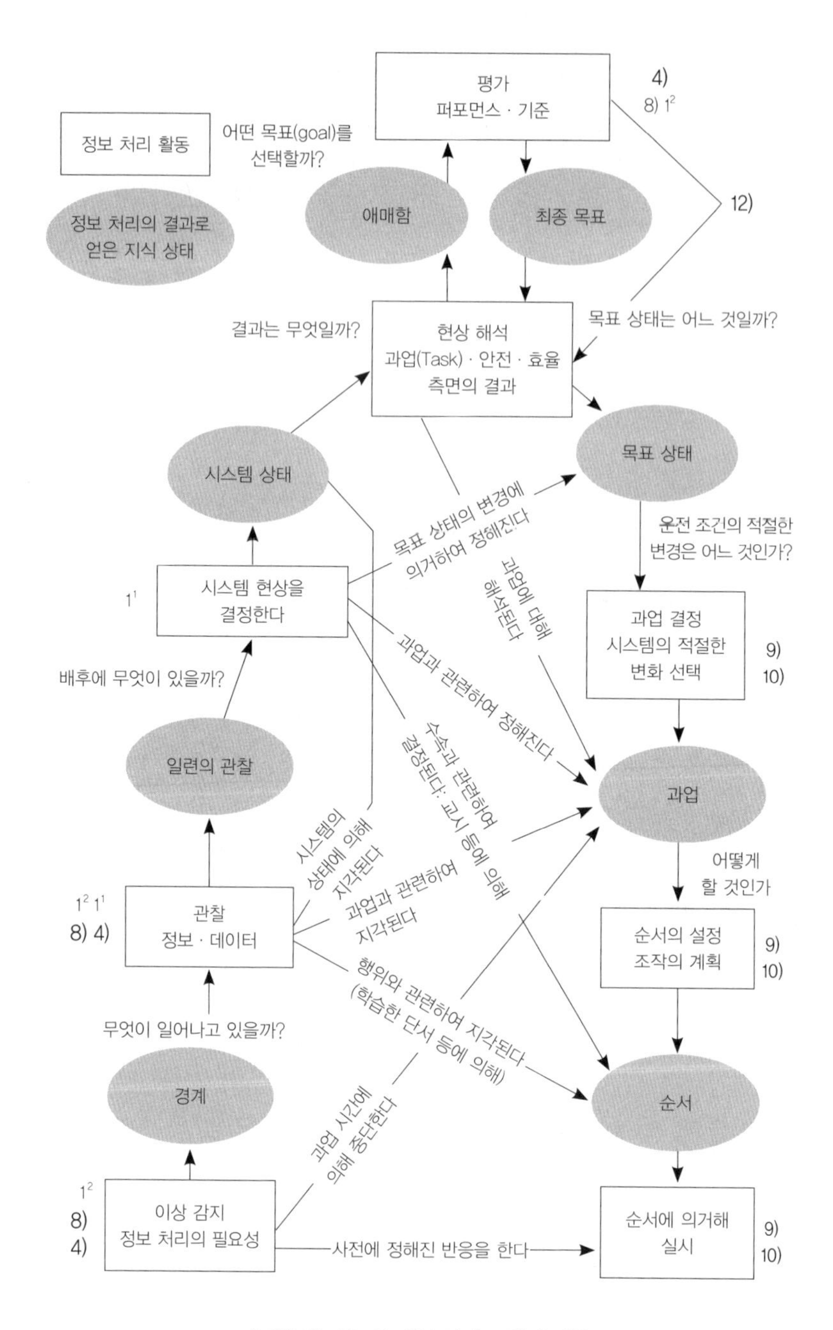

〈그림 11〉 사고의 예를 라다 모델에 적용

노드(node) 배제

1), 2) 및 3): 도로 상황에 관련된 사항으로 사고 당사자가 이 상황을 개선할 수는 없다. 오르막길의 경사를 완만하게 하자는 제안은 일반적으로 없지만, 이 사고에 대한 특별(ad hoc: '특별한 목적을 위하여', '한정된 목적의'라는 의미의 라틴어)한 해결책이라고 생각된다.

4) **과적재:** 다음과 같은 대책이 효과적이다.

- 탐지: 과적재 경보기를 장치함으로써 운전사의 주의를 환기시킬 수 있다.
- 감시: 가장 간단한 과적 차량 검사를 통해 중량 정보를 체크한다.
- 평가: 판단 기준을 변경하는 것으로, 숙련된 운전사 수준에서는 동기부여가 어렵다. 임금 체계나 벌칙 규정 등 회사 정책 같은 사회적 근로조건에 대한 검토가 필요하다.

5), 6) **고장난 트럭과 배차 선정:** 트럭 배차 기준을 변경한다.

7) **불충분한 정비 작업** : 정비 부문을 재편한다.

8) **브레이크 고장:**

- 탐지: 브레이크 마찰력 탐지 경보 시스템을 정기 점검한다.
- 평가: 브레이크 교환 기준을 변경하고 벌칙을 부여한다.

9), 10) 및 11): 운전 제어에 실패했을 뿐만 아니라, 트럭의 상황

을 파악하고 있었기 때문에 운전사의 잘못된 판단과 긴급 사태에 대처하는 순서를 생각한다. 긴급 상황에 대비한 실제적인 훈련도 필요하다.

12) 부상 회피: 안전벨트 작용, 트럭 차체가 충격을 흡수하도록 설계한다.

관련성 단절

1. 급한 비탈길 도로를 피한다: 도로 상의 고갯길 정보, 언덕길이 미치는 영향을 보다 더 잘 이해할 수 있도록(숙련 운전사에게 합리적 평가는 기대하지 않지만) 한다.
2. 운전사에게 8)과 같이 브레이크가 불완전한 트럭을 운행시키지 않는다.

이와 같이 안전 담당밖에 할 수 없었던 과거의 사고 통계나 방대한 위험 행위 데이터에 의존하지 않고, 현장에서 발생한 사고나 사건을 손쉽게 분석함으로써 구체적인 재발 방지 대책을 신속하게 유도하는 기법이 제안되었다.

3. VTA 기법 개발의 경위

VTA 기법은 앞서 살펴본 르플랫 J. & 라스무센 J.로부터 제안을 받아 와세다 대학 인간과학부 구로다 이사오 교수(당시)가 건설 분야에서 실용화하려고 연구하여 지금의 것과 같은 형태가 된 것이다(구로다 이사오 감수, 《대책지향형 재해 분석 기법을 생각한다》, 다이세이건설 안전부 안전 관리실 발행, 1994년 11월 1일).

와세다 대학 구로다 연구실에서는 그 후에도 계속 VTA에 대한 연구를 하고 제조업 분야, 원자력 발전 분야, 우주 개발 분야 등으로 실용화를 확대하고 있다(우주개발사업단, 《휴먼팩터 분석 핸드북》, 2000년 6월 5일 제정).

VTA 연구는 같은 대학 이시다 연구실에서도 계속 교통사고 분석에 적용한(이시다 외, 〈베리에이션 트리 분석에 의한 사고의 인적 요인의 검토〉, 자동차기술회 논문집 Vol. 30, NO. 2, 125-130, 1999년) 후 필자들이 항공기 사고 분석에 적용하여 국제 항공심리학 심포지움에서 소개(Ishibashi A., 〈Analysis of Aircraft Accidents by means of Variation Tree〉, 미국 오하이오 대학, 제10회 국제항공심리학 심포지움, Proceedings Page 1136~1142, 1999년 5월 4일)했다.

이렇게 개발된 VTA 분석 기법은 제조업 분야와 의료 분야 등을 시작으로 안전 연수나 안전 강연 등을 통해 산업계 전반에 널리 소개되었다. 또한 현장에서 손쉽게 응용할 수 있는 사고발생현상 분석 기법으로 계속 활용되고 있다.

4. VTA의 기본적 사고

VTA는 휴먼팩터와 관련된 사고나 사건을 분석하는 기법으로, 다음과 같은 기본적인 아이디어에 따라 성립되었다.

(1) VTA의 기본 사상

1) 휴먼팩터의 관점에서 사고나 사건을 분석하기 위해서는 인간 행동의 흐름 분석 과정을 중심으로 접근한다.
2) 작업이 평소대로 진행되면 사고는 일어나지 않는다고 생각하고, 평소 상황에서 벗어난 조작이나 판단, 그 결과인 상태를 시간축에 따라 분석한다.
3) 관계자 책임 추궁이 아니라 대책지향형의 기법을 취한다.
4) 기법의 간이성을 중시하고, 과거에 일어났던 사고 사례나 방대한 데이터의 공통점에 의존하지 않고, 현장에서 드물게 발생한 사고나 사건을 독자가 분석한다.
5) 인간 행동의 배후에 잠재하고 있는 에러 유발 요인과, 그것

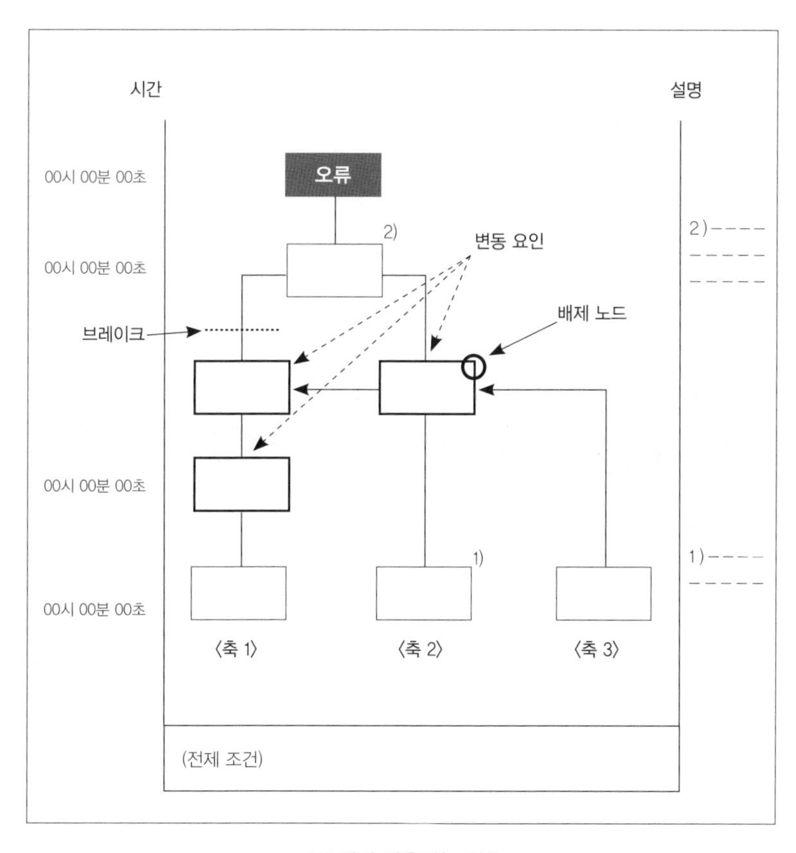

VTA에서 사용되는 기호

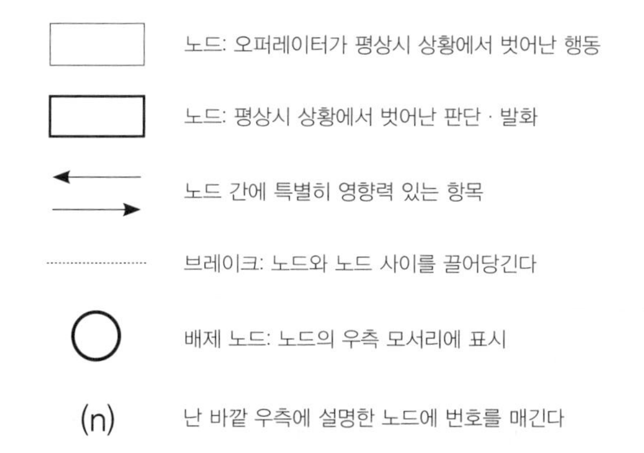

〈그림 12〉 VTA의 기본형

들이 사고로 이어지는 상황의 흐름을 탐구한다(EFC = Error Forcing Context, PSF = Performance Shaping Factors 등).

6) 현장의 직무 내용을 숙지한 요원이 여러 분석자들이 논의하고 다각도로 분석한다(개인에 의한 분석 결과로 편중되는 것을 막는다).

7) FTA를 근간으로 한 분석에는 추정 요인을 포함하지 않고, 오류에 이르는 사실만을 분석 대상으로 한다.

8) 분석 결과는 어디까지나 정성적으로 취급하는 것을 전제로 하며, 정량화는 고려하지 않는다.

9) 트리에는 'And Gate'만 적용하고, 'OR Gate'는 사용하지 않는다.

(2) 휴먼팩터 분석 순서

베리에이션 트리를 활용한 휴먼팩터 분석 순서를 정리해보자.

먼저, 사고나 사건 발생 시 사고에 휴먼팩터가 관여하고 있는지를 확인하기 위한 식별을 한다. 휴먼팩터가 관여하고 있다면 트리를 그리기 위해 발생 경위를 조사하고 변동 요인(노드)을 추출한다. 트리가 그려지면 트리를 검증하고, 문제점의 분석 식별을 실시한다. 즉, 배제 노드 및 브레이크를 검토한다.

다음으로 배제 노드나 브레이크의 배후 요인을 M-SHEL 모델이나 Why Why 분석을 활용하여 검토한 후 효과적인 대책을 이끌어낸다.

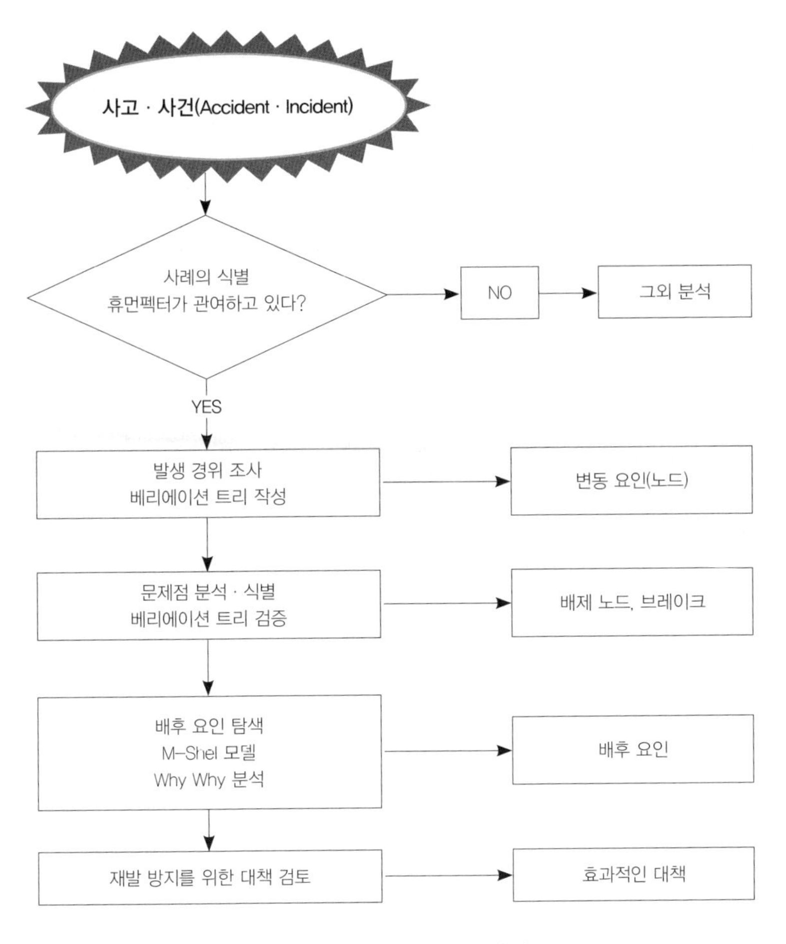

〈그림 13〉 휴먼팩터 분석 순서

5. 베리에이션 트리 그리는 법

일단, 베리에이션 트리(Variation Tree)는 다음과 같은 흐름도(Flow Chart)에 따라서 작성한다.

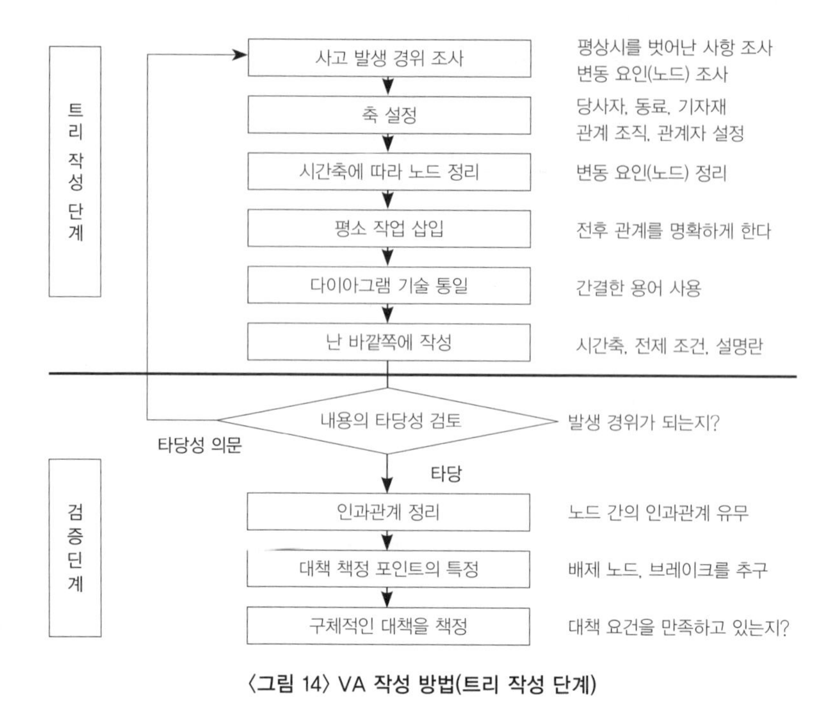

〈그림 14〉 VA 작성 방법(트리 작성 단계)

(1) 사고 사건 발생 경위 조사

언제 평상시 상황에서 벗어나기 시작했는지, 그 벗어남의 확대 경위, 즉 변동 요인(노드)을 상세하게 조사한다. 특히 이 단계에서는 해당 업무에 정통한 전문가들이 조사하는 것이 좋다.

1) 오류 조사 방법

평상시 상황에서 벗어난 사항을 조사할 때는 당사자 및 관계자와 인터뷰를 실시한다. 여기서 중요한 것은 책임 추궁을 하지 않는 것이다. 범죄 조사나 상황 청취가 아니라, 재발 방지를 위한 자료

제공을 요구하는 것이기 때문이다. 그러니 담당자는 인터뷰 기술을 이해하고 있는 것이 좋다. 즉, 테이블에 앉는 방법이나 기록계의 위치까지 배려할 필요가 있다. 협력을 요청하는 분위기를 만들기 위해서는 정면으로 바라보기보다는 조금 비스듬하게 위치하는 것이 효과적이다. 기록계는 인터뷰이가 기록되는 내용을 볼 수 있도록 배치하는 것이 바람직하다. 사고나 사건에 관여한 자는 많든 적든 열등감을 느끼고 있을 것이다. 고도의 기술력을 가진 사람이라면 자기 혐오감에 빠져 있을지도 모른다. 인터뷰 방법에 따라 재발 방지를 위한 협조를 쉽게 구할 수도 있다. 그러나 조금이라도 책임을 추궁하는 분위기에서라면 인터뷰이도 자기 방어 본능이나 조직 방어 본능이 발동하여 결코 협력하지 않는다는 것을 염두에 두어야 한다.

대상자가 당시 상황을 생각해낼 때 사고와 직접 관계가 없는 내용까지 얘기할 수 있도록 배려를 해주는 것이 중요하다. 향후에 배경 요인을 분석할 때 활용할 수 있기 때문이다. 또한 평상시 상황에서 왜 벗어났는가라는 관점에서 얘기할 수 있도록 그에 맞게 질문하는 것도 효과가 있다.

인터뷰를 할 때의 원칙은 선입견을 가지지 않는 것이다. 의외의 사실을 부정하는 경향이 있으므로 조심스럽게 접근하지 않으면 안 된다. 이는 숙련된 관리자나 상사의 입장에 있는 사람들이 하기 쉬운 실수 중 하나이다. 인터뷰의 결과는 가능한 한 정확하고 상세하게 기록해둔다. 앞에서 설명한 바와 같이 진행한 조사 결과를 정리하면 다음과 같다.

오류 조사의 8개 조건

1. 책임 추궁이 아닌 '대책지향형'으로 철저히 조사한다.
2. 상황 청취가 아닌 협력을 요청하는 분위기를 만든다.
3. 선입견을 배제하고 발생한 사실을 직시한다.
4. 사실을 감정론이나 "~을 해야 한다"는 논조 등으로 부정하지 않는다.
5. 직접적인 관계가 없다고 생각하는 것까지 당사자가 기억하는 상황, 환경 등을 모두 탐문한다.
6. 평소와 다른 행동, 판단 등을 추출한다.
7. "왜 그 사상이 발생했는지"에 중점을 둔다.
8. 조사 내용은 정확하게, 가능한 한 상세하게 기록한다.

오류 조사에서 중요한 요소는 당사자뿐만 아니라 다수의 관계자에게 있어 광의의 휴먼팩터가 잠재하고 있다는 것을 인식하는 것이다. 당사자의 조작에 명확한 에러가 있음이 인정되더라도, 그 기계를 설계한 사람, 제조한 사람, 설치한 사람, 매뉴얼을 작성한 사람, 훈련한 사람, 근무시간표를 작성한 사람 등 실제로는 많은 사람들이 관여하고 있다. 그것들이 사람들에게 간접적으로 에러 유발 요인을 만들어내고 있을 가능성이 있다는 것을 인식하는 것이 중요하다. 또한 사람뿐만 아니라 기계 자체, 순서나 훈련 방법, 작업 환경, 인간 관계라는 광범위한 요소가 직접적 또는 간접적 배후 요인일지도 모른다는 인식을 오류 조사 과정에서 찾아가는 것이 바람직하다.

2) 조사를 실시할 때의 구체적 착안점

VTA 기법에서는 오류 조사 단계별로 그 원인을 찾아내기보다, '평상시와는 다른 사항의 존재', 즉 '변동 요인(노드)'에 주목한다. 그리고 5W+1H의 관점에서 모든 작업 공정에 대한 조사를 실시한다.

• 누가(Who)	작업자, 지휘자, 감독자	실시자가 도중에 교대하는 등이다. 다르다.
• 언제(When)	시간, 순서	실시 시간이 지연되는 등 계획과 다르다. 실시 순서, 타이밍이 다르다.
• 어디서(Where)	장소	실시한 장소가 다르다.
• 왜(Why)	목적과 필요성	실시한 목적이 다르다. 필요가 없는 것을 실시한다.
• 어떻게(How)	기법과 순서	실시한 방법이나 순서가 다르다.
• 무엇에 근거하여		실시 근거나 기준이 다르다.
• 무엇을(What)	대상물	실시한 대상물이 다르다.

다음과 같은 변경이 있을 경우에는 의도적으로 행했더라도 변동 요인(노드)으로 살펴봐야 한다.

- 매뉴얼, 절차서의 개정
- 작업 실시 순서 변경
- 작업 실시 일정 변경
- 작업자 교대
- 설비, 기계의 변경이나 본래의 용도 외의 사용
- 어떤 이유에 의해 예정 외의 작업 중단
- 작업 환경 변경
- 설계, 사양 변경
- 담당자, 담당부서 변경

변동 요인을 추출할 수 있게 되면 전 작업 공정 중 어느 단계에서 발생한 것인지를 정리해둔다.

(2) 축 설정

다음 단계에서는 변동 요인과 관련된 사람, 기계, 환경 등을 '축'으로 설정하고, 시간축에 따라 평상시 상황에서 벗어난 상황을 정리한다. 행위나 판단의 주체, 그 결과인 변화하는 상황의 주체 등도 다음 내용을 축으로 설정한다.

- 당사자, 관계자: 직업 오류에 관여한 자로 작업자, 지휘자, 감독자, 설계자, 동료, 후방 지원자 등
- 조직, 부서: 관여한 조직으로 그룹, 과, 부, 기업 등
- 설비, 기계: 원자로나 항공기, 선박 등의 거대한 시스템에서 자동차나 공작기계 등 작업자에 의해 조작되고 작동되는 기계나 설비, 장치 등
- 환경: 작업자나 도로 등 자연현상이나 인위적 조작에 의해 변동하는 환경

다음 시나리오를 활용하여 축을 설정해보자.

시나리오

A항공의 100편은 야간, 비정밀계기 진입 방식(VOR,VHF Omnidi-rectional Radio Range 어프로치)으로 B공항에 착륙 중이었다. 관제관은 비영어권 현지인으로, 일상에서는 영어를 사용하지 않는 사람이었다. 조종사인 기장(First Officer)과 부조종사(Co-Pilot)는 모두 영어권 사람이다.

관제관: Cleared Descend two four zero zero(2,400피트까지 하강을 허가합니다).

조종사(부조종사): Roger Clear descend to four zero zero(양해합니다. 400피트까지 하강합니다).

관제관: Affirmative!(그렇게 하세요!)

조종사(기장): 하강속도를 400피트로 맞추고 하강을 개시한다.
도중에 바퀴를 내리고 부조종사에게 착륙 체크를 지시한다.

항공기: 설정된 400피트까시 하강한다.
공항 바로 앞 600피트짜리 언덕에 격돌하여 화재가 난다.

이 추락 사고를 분석하면 다음과 같은 축을 설정할 수 있다.

기장	부조종사	관제관	항공기

기장, 부조종사, 관제관, 항공기를 축으로 각각의 발화, 판단, 조작, 움직임 등을 시계열에 따라 정리하는 것이다. 다행히 항공기에는 'CVR(cockpit voice recorder: 조종실 음성 기록 장치)'이나 'FDR(flight data recorder: 비행 데이터 기록 장치)'이 탑재되어 있다. 그래서 조종석에서의 대화 내용과 그 결과에 따른 판단, 조작, 항공기의 움직임 등을 손바닥 보듯 훤하게 파악할 수 있다. 따라서

조종실 업무에 정통한 사람이 조사를 하면 사고 당시의 상황을 정확하게 재현할 수 있다.

축의 배열 방법은 임의로 정해도 좋지만, 축 간의 대화 내용이나 상호 관련 내용을 기술하기 위한 위치를 고려해두면 추후에 배열 변경 작업을 줄일 수 있다.

축이나 변동 요인 등은 적당한 크기의 카드(예를 들어, 포스트잇)에 기입해서 붙여두는 방법을 활용하면, 추후에 용이하게 배열 변경이 가능하다(제6장 실습 편 참조).

(3) 시간축에 따른 변동 요인(노드) 정리

앞에서 추출한 변동 요인을 시간축에 따라 발생순으로 배열한다. 관제관과의 교신은 발화이지만, 여기서는 '동작'으로 취급한다.

축에 따라 각각의 발화, 조작, 판단 등의 변동 요인을 발생순으로 나열한다. 의사소통을 위한 사람들 간의 대화나 연락 또는 지시나 전달, 혹은 물품의 주고받음 등이 있으면 그 관계를 정리해둔다. 다음 단계에서 실선이나 화살표로 연결한다.

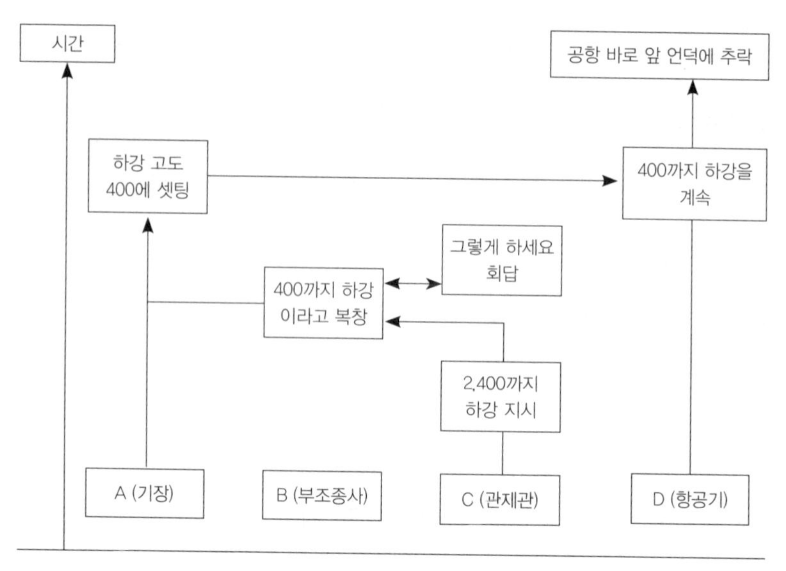

〈그림 15〉 변동 요인을 축별, 발생순으로 정리

(4) 전후 관계를 명확하게 하기 위한 평상시 작업 삽입

오류와 관련된 변동 요인이 명확해지고 시간적인 위치 관계도 정리된다. 그러나 그것만으로는 오류 발생에 이르는 상황의 흐름이 반드시 명확해지지 않는 경우가 많다. 그래서 발생 경위를 명확히 이해하려면 트리 속에 변동 요인 이외의 정보를 추가하는 것이 효과적이다. 즉, 평상시 조작이나 평상시 순서에 따라 실시된 행동이나 판단 등도 변동 요인의 전후에 삽입한다. 그것들을 식별하기 위해 변동 요인을 굵은 테두리로 표시하고, 평상시 조작 등을 가는 테두리로 표시한다.

평상시 조작을 삽입하면 트리가 조금 복잡해 보이지만 전후 관계는 명확해진다. 그래서 추후에 배후 요인을 분석할 때 유용하게 사용할 수 있다.

이 사고에서는 진입 체크리스트가 정상적으로 실시되었고, 문제의 교신 후에도 착륙 체크리스트가 정상적으로 실시되었다. 착륙을 위해 바퀴도 정상적으로 내리려 하고 있다.

관제관의 "2,400피트까지 하강을 허락합니다"라는 메시지를 부조종사가 "400피트까지 하강을 허락한다"고 착각해서 복창했고, 관제관이 그것을 알아채지 못하고 "그렇게 하세요"라고 회답한 것이다. 그것 이외에는 다른 이상이 없었다는 것을 트리에서 확인 할 수 있다. 평상시 조작을 삽입함으로써 변동 요인의 전후 관계가 보다 더 명확해진다.

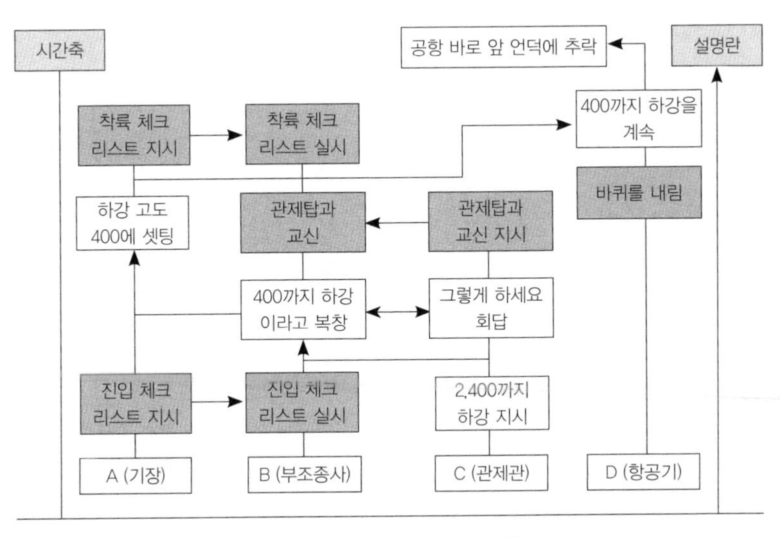

〈그림 16〉 평상시 조작도 삽입

모든 다이아그램이 정리되면 그것들을 실선으로 연결한다. 축 사이의 연락이나 지시, 이에 대한 회답 등 커뮤니케이션, 또는 조작 내용이나 그 결과, 또는 물품의 주고받음이나 그 처치 등, 밀접한 관련이 있는 경우에는 변동 요인 사이를 한쪽 화살표, 혹은 양방향 화살표로 연결한다.

(5) 다이아그램 작성의 통일

일단, 다이아그램이란 '무엇이 어떻게 되었는지' 판별 가능한 정도의 기술이지만, 전체상이 정리된 시점에서는 다이아그램에 사용된 문체를 가다듬고 기술 양식을 통일하여 트리를 판독하기 쉽게 해야 한다.

1) 문장은 체언으로 마무리하고, 용언 사용이 필요할 때에는 현재형으로 한다. 과거형으로 동작을 표현하면 "~해버렸다"라는 수동형으로 끝나기 쉽고, 자칫 책임 추궁과 같은 표현이 되어 대책지향형의 취지에 반할 가능성이 생기기 때문이다.

400피트까지 하강을 계속했다	⇒	400피트까지 하강을 계속
실수하고 말았다	⇒	실수하다

2) 한 개의 다이아그램에 적는 정보량은 최소한으로 하고 간결하게 표현한다.

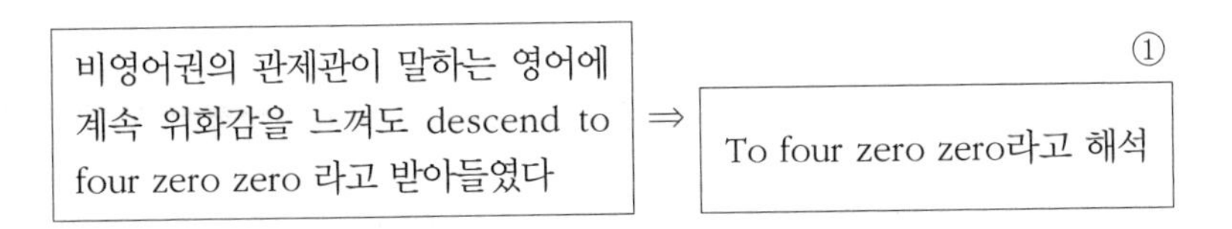

이와 같은 경우에는 해당 다이아그램 기술을 보강하기 위하여 괄호의 번호로 호출하여 우측 난 바깥쪽의 설명란에 추가 설명한다.

설명란: ① 관제관의 영어 발음을 알아듣기 어려웠지만, 부조종사는 'descend to four zero zero'라고 들었음.

3) 한 개의 다이아그램은 여러 개의 내용을 적지 않도록 한다.

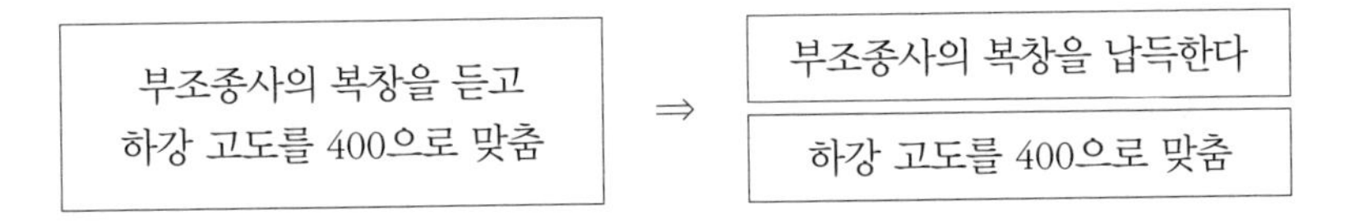

일반적으로 기장은 부조종사의 교신에 대하여 양해의 사인을 보내는 등 확인 후에 조작을 시작한다. 하지만, 몸짓(gesture) 등은 기록에 표시되지 않는 평상시 동작으로서, 추정에 가까운 동작이기 때문에 다이아그램에 기록하지 않고 설명란에서 기술할 수 있다.

4) 실시하지 않은 동작은 적지 않는다.

일반적으로 당연한 동작에 관한 내용은 빠져있어도 넘어간다.

예를 들어 일반적으로 계기 비행법에서는 비정밀 진입을 할 때 400피트까지 하강하는 경우는 드물기 때문에 "400피트까지 하강하세요"라는 관제관의 지시에 의문을 가지지만, "확인했어야 했다"라고 적지는 않는다. 또한 실시할 순서를 잊어버린 경우를 적을 때에는 '미실시' 등으로 객관적인 표현을 사용한다. 즉, 책임 추궁이 되지 않게끔 배려할 필요가 있다.

어떤 것이든 필요에 따라 난 바깥쪽에 설명을 추가한다(본 사례에서는 생략한다).

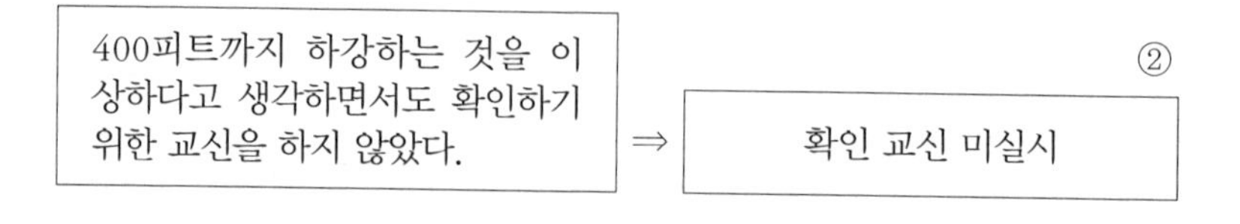

설명란: ② 400피트라는 하강고도를 이상하게 여기면서도 관제관에게 확인하지 않음.

(6) 난 바깥쪽 사용 방법

축에 관련된 변동 요인을 발생순으로 정돈하여 무엇이 어떻게 평상시에서 벗어났는지 적었다. 하지만 지금까지 몇 개의 예에서 본

바와 같이 베리에이션 트리 분석법에서는 '전제 조건란', '시간축', '설명란'을 난 바깥쪽에 두고 있다.

1) 전제 조건란 작성 방법

트리의 하부 난에 전제 조건을 기입한다. 전제 조건이란 오류 발생 프로세스 전반에 걸쳐 영향을 미치는 요인으로, 그것 자체는 변동 요인(노드)이 되지 않는다. 예를 들어 작업자의 속성이나 설계 사상, 작업 현장의 분위기, 관리 방식 등이 여기에 해당된다. 다만, 현장 분위기나 관리 문제에 대해서는 가능한 한 설명란을 통해 작성한다.

〈전제 조건〉
20년차의 베테랑 기장으로 영어권 조종사

2) 설명란

난 바깥쪽 우측에 설명란을 둔다. 설명란에는 설명을 필요로 하는 다이아그램 우측 모서리에 번호를 붙이고, 그 번호를 불러서 적는다. 번호는 발생순으로 부여한다. 작성하는 정보는 크게 다음과 같은 세 가지를 들 수 있다.

① 다이아그램을 보충해서 설명한다.

다이아그램에는 간결하게 표현된 내용이 적혀있기 때문에 그 내용을 조금 더 상세하게 적는다.

② 어떤 이유에서든 실시할 수 없었던 작업이나 판단 등을 설명한다.

다이아그램에는 원칙으로서 실시된 것만 적고 있기 때문에 실시되지 않았던 결과의 상태만 적는다. 따라서 설명란에서는 어떤 작업의 오류로 인해 사고가 일어났는가를 설명한다.

③ 조사한 결과 명확하게 밝혀지지 않았던 정보를 적는다.

설명란: ① 관제관과의 교신 때 의문이나 불명확한 점이 남아있다면 확인하는 것이 매뉴얼화됨.

② 관제용어는 비영어권의 사람도 실수하지 않게끔 특별한 용어의 예를 작성하여 조종사와 관제관이 공통적으로 이해할 수 있도록 했음.

3) 시간축 작성법

트리의 좌측에 시간축을 둔다. 시간축에는 다이아그램 작업을 수행한 시간, 일시 등을 알고 있는 범위 내에서 기술한다. 제조업 같이 장기간에 걸쳐 진행된 경우도 있기 때문에 작업 내용에 따라 일정 기간만 표현하기도 한다. 항공기 사고처럼 정밀한 시간을 필

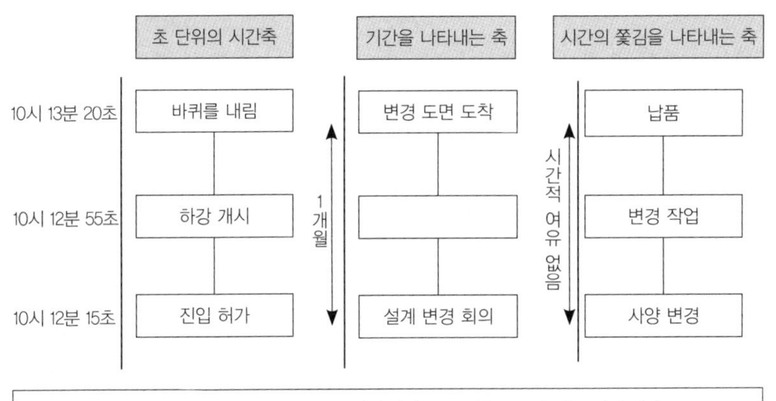

시간적인 관련성은 변동 요인의 정리로 중요한 요소가 되는 것이 많다.
타이밍이나 순서 등도 배후 요인을 형성하는 요소가 되기 쉽다.
작업 내용에 따라 시간의 단위나 시간적 배경을 기술한다.

〈그림 17〉 시간축 작성법

요로 하는 작업은 초 단위로 적기도 한다.

이런 식으로 베리에이션 트리를 작성하지만, 일련의 스텝을 맡은 사람은 해당 작업에 관한 전문 용어나 방식 기준, 매뉴얼 등 기술적인 전문 지식을 갖추는 것이 바람직하다.

6. VTA의 검증 방법(검증 단계)

베리에이션 트리를 그린 후에는 그 타당성을 검토한다. 트리를 그릴 때, 참가자가 '해당 작업에 대한 전문 지식을 갖춰야 한다'라고 했다. 하지만 트리 검증 단계에서는 '가능한 한 많은 관계자에

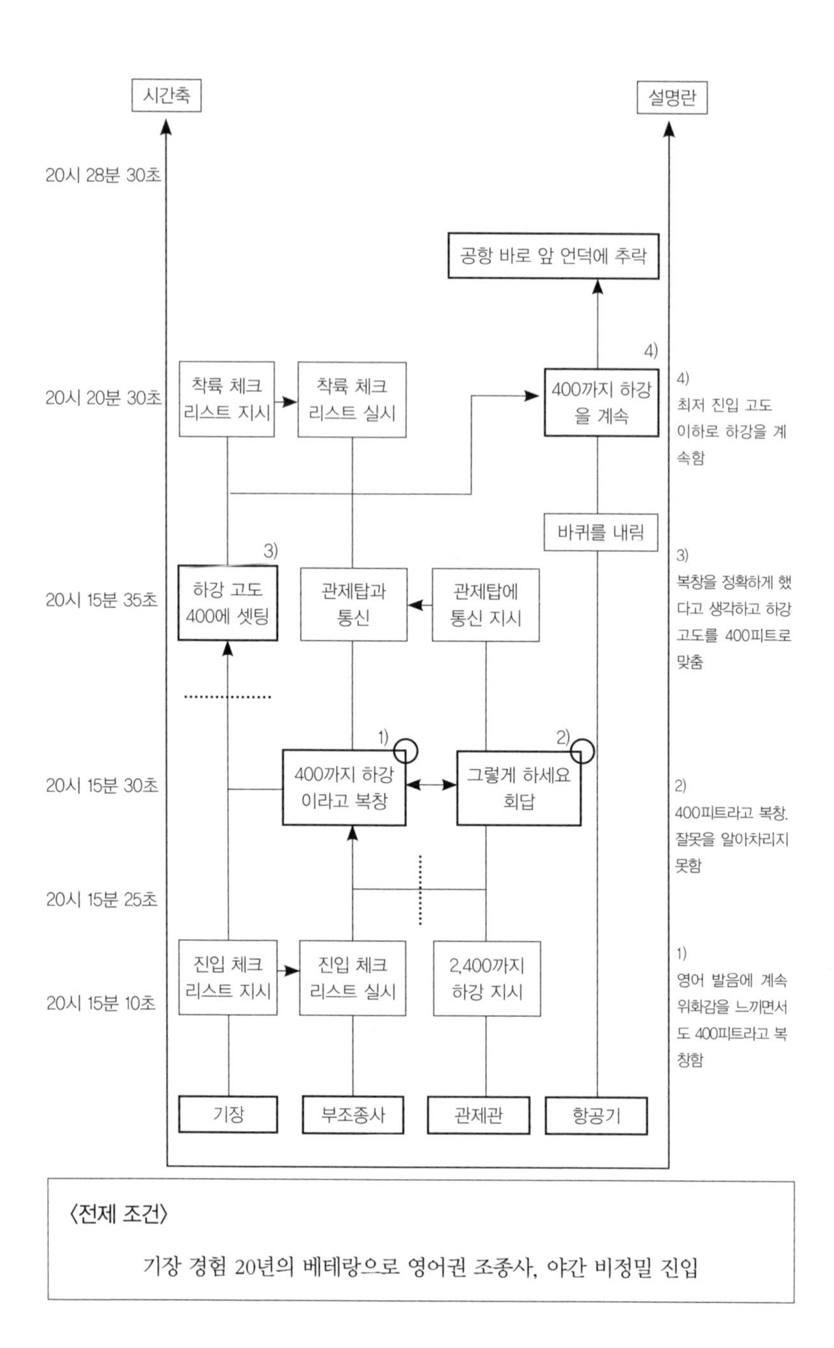

〈전제 조건〉

기장 경험 20년의 베테랑으로 영어권 조종사, 야간 비정밀 진입

〈그림 18〉 베리에이션 트리 완성도

의한 검토'를 추천한다. 분석자 개인의 관점이나 입장에 따른 편견을 보완하기 위해서이다.

트리의 타당성이란 오류 발생의 경위를 이해할 수 있는지, 변동 요인에 잘못은 없는지 재검토하는 것이다. 그 뒤 변동 요인 간의 인과관계의 유무를 검토한 다음, 대책을 책정하는 포인트를 추출한다. 따라서 가능한 많은 참가자에 의해 다양한 관점에서 검토할 필요가 있다.

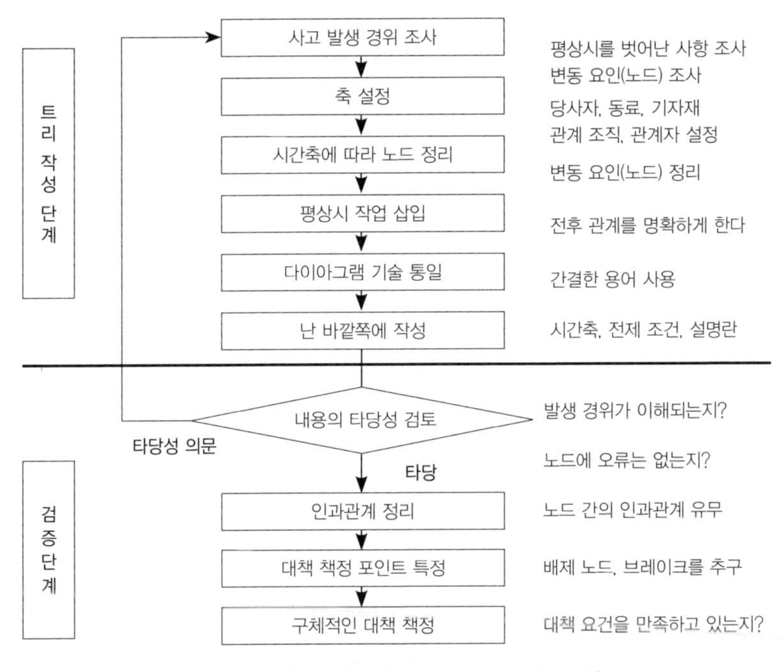

〈그림 19〉 베리에이션 트리 작성 방법(검증 단계)

(1) 트리 전체 내용의 타당성을 검토한다

트리 작성 단계에서는 해당 업무에 정통한지 여부를 고려하여 담당자를 선정했다. 이 때문에 소수 정예가 되기 쉽다. 분석자의 전문 지식이나 입장, 관점 등에 따라 작성 단계에서 생각이 한쪽으로 기울기 쉽다. 가능한 한 많은 참가자와 의견을 교환하면서 다음 두 가지에 대해 검토한다.

1) 트리에서 오류 발생 경위를 이해할 수 있는지?

트리는 평상시에서 벗어난 행위나 판단, 결과의 상태 등을 필요에 따라 평상시 조작 등을 포함해서 작성한다. 하지만 그것들로부터 오류 발생의 경위가 바르게 이해되는지를 검증한다. 만약 발생 경위가 이해되지 않으면 재차 사실 관계를 대조하여 축이나 변동 요인, 필요에 따라 평상시 조작 등을 보완한다. 판명된 사실만으로는 오류의 발생 경위가 이해되지 않으면 사실 조사를 다시 하는 등 베리에이션 트리 작성을 위해 일련의 과정을 거치도록 한다.

또한 완성한 트리의 축 중에서 중복되거나 불필요하다고 생각되는 것을 제거할지 또는 다른 쪽 축과 합쳐서 정리할지를 정하고, 가급적 한 축을 적게 하고 번잡함을 방지하여 발생 경위를 알기 쉽게 하는 것이 중요하다.

난 바깥쪽의 기술, 시간축, 전제 조건, 설명란 등도 정보의 안전성 또는 특정 개인이나 조직에 책임을 묻는 것처럼 작성되지는 않았는지 확인한다.

2) 변동 요인(노드)에 누락이나 오류는 없는지?

다음 두 가지 관점을 통해 변동 요인의 누락이 없는지 검토한다. 첫째, 변동 요인으로서 인식되지 않았던 배후의 사정, 다시 말해 작업 현장 이외의 의사 결정 단계에서 놓치거나 잘못 알고 있는 것이 오류의 원인인 것처럼 되었을 경우, 새로운 변동 요인으로 설정하고 대책 유도를 위한 자료로 활용한다.

둘째, 설명란에 적었기 때문에 변동 요인으로 채택되지 않은 것은 없는지 검토한다. 변동 요인으로 다루어지지 않은 경우에는 대책을 검토하는 과정에서 못 보고 지나칠 가능성이 높기 때문이다.

(2) 변동 요인(노드) 간의 인과관계 유무

다음으로 변동 요인 간의 인과관계를 검토한다. 변동 요인 간의 인과관계로는 그 공정에서 발생하는 것과 이전 단계에서 넘어와 영향을 미치는 것이 있다.

일단 평상시의 상황에서 벗어나면 좀처럼 복원이 불가능하다. 인과관계가 복잡한 경우에는 관계된 변동 요인 사이를 화살표로 표시한다. 상호 관련된 경우에는 양방향 화살표로 연결한다. 잘못된 지시를 받고 평상시의 것에서 벗어난 조작을 했을 경우라든가, 정보를 주고받는 과정에서 오해해 조작을 잘못한 경우에는 양방향 화살표로 표시한다. 하지만 그것들 사이에는 많은 배후 요인이 포함되어 있을 가능성도 있다.

인과관계는 책임 소재를 명확하게 하기 위한 검토가 아니기 때문에 연관이 있는 추측 가능한 모든 요소를 그린다. 이 과정에서도 대책을 유도하는 것이 가능하기 때문에 변동 요인을 작성할 때처럼 발생한 사실에 한정지을 필요는 없다. 관련성이 명확하지 않더라도 관련이 있다고 생각하고 대책을 유도하는 자료로 활용한다.

(3) 대책 책정 포인트 특정

베리에이션 트리 작성 작업의 최종 단계는 대책 책정 포인트를 특정하는 것이다. 여기서는 완성한 트리에서 문제점을 추출하여 '무엇을 어떻게 하면 좋을지'를 확인한다. '누가 잘못했는가'라는 책임 추궁이 아니라, 같은 오류가 발생하지 않게끔 하기 위한 효과적인 대책을 마련하기 위해 어디를 개선할지 검토해야 한다. 이를 위해 다음 두 가지 작업을 실시한다.

1) 배제 노드 특정

배제노드란 평상시의 것에서 벗어난 변동 요인을 제거해 원상태로 돌리기 위한 대책을 강구하는 것이다. 이를 위해 개선될 가능성을 가진 부분의 다이아그램의 우측 모서리에 동그라미를 표시한다. 변동 요인으로는 '원인'과 '결과'를 생각할 수 있지만, 그것들이 어떻게 영향을 미치고 또 발생했는지를 깊이 검토할 수 있다. 배제 노드는 생각할 수 있는 모든 변동 요인을 대상으로 배제(제거) 가능한지를 검토한다.

400피트까지 하강하고 추락한 사고 사례에서는 관제관의 "2,400피트까지 하강"이라는 지시를 "400피트까지 하강"으로 복창하고, 그 복창을 듣고 "그렇게 하세요"라고 인정한 관제관의 교신에 문제가 있었다. 바로 이 두 가지가 '배제 노드'이며, 이 배제 노드를 대책 책정 포인트라고 한다.

2) 브레이크 포인트 특징

브레이크란 변동 요인 간의 관계를 단절시켜 이후의 변동 요인 발생을 방지하는 방식이다. 브레이크는 설명란이나 전제 조건의 작성 내용을 고려하고 여러 포인트를 마련할 필요가 있다. 이는 하나의 변동 요인이 새로운 변동 요인을 유발하는 상황을 멈추게 하기 때문이다.

이 사고 사례에서는 관제관의 "2,400피트까지 하강" 지시와 "400피트까지 하강" 복창 사이, 그리고 "400피트까지 하강" 복창이 잘못되었음을 인식한 채로 "하강 고도를 400피트로 셋팅"한 조작

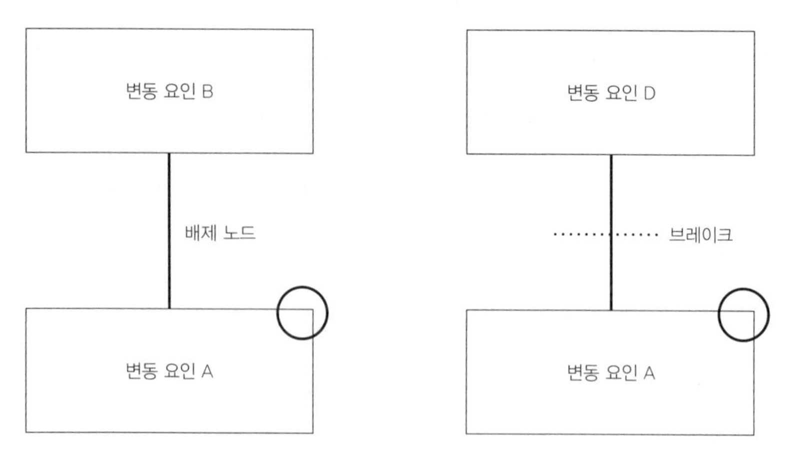

〈그림 20〉 배제 노드와 브레이크의 기입 방법

사이에 브레이크를 둔다.

7. 배후 요인 탐색

(1) 휴먼팩터의 관점

베리에이션 트리 분석 기법은 인간 행동의 흐름을 중심으로 그 배후에 잠재된 문제 유발 요인을 명확하게 하기 위한 분석 기법이다. 인간의 행동에 영향을 미치는 요인은 다방면에 걸쳐 있기 때문에 분석 과정에서는 항상 휴먼팩터 관점에서 작업을 진행할 필요가 있다.

인간의 능력이나 한계, 인간의 기본적인 특성 등에 관한 식견을 효과적으로 활용하는 것과 함께 휴먼팩터나 오류가 발생하는 메커니즘, 즉 당사자에러와 조직에러라는 발상법에 기초하여 분석할 필요가 있다. 당사자에러는 구체적으로 눈에 보이기 때문에 지적하기 쉽고 대책을 마련하기도 쉬워서 당사자가 표면적인 개선책을 마련하는 선에서 마무리해버리는 경향이 강하다. 그러나 베리에이션 트리로 분석한 배제 노드나 브레이크를 더 분석해보면 당사자에러를 유발하는 배후 요인에 도달하는 경우가 많다. 즉, 배후 요인을 휴먼팩터 관점에서 다시 한 번 분석하는 것이다. 거기에는 당사자, 다시 말해 인간 개인의 능력 향상이나 노력으로는 개선이 불가능한 문제가 존재할수도 있다. 즉, 일반적인 에러 방지 대책이나 에러의 영향을 최소화하는 대책만으로는 불충분하여 조직을 개선해야 하는 문제에까지 도달할 수 있다.

이는 트리를 검증한 결과 명확해진 배제 노드나 브레이크를 더 분석함으로써 가능해진다. 구체적으로는 Why Why 분석(Why-Why Analysis)이나 M-SHEL 모델 등을 병용하고 다각적으로 더 검토한 것이다. 또 복수의 검토자를 통해 폭 넓은 관점에서 검토할 것을 권하고 있다.

(2) Why Why 분석 활용

휴먼팩터의 관점에서 배제 노드나 브레이크를 파악할 때, 관여자의 의사에 관계없이 그 배후 요인에 의해 일어나는 경우도 있다.

이러한 배제 노드나 브레이크에 대해서 왜 그렇게 되었는지를 검토해보면, 하나의 사건 배후에는 여러 이유가 존재한다는 것을 알 수 있다. 그 이유의 배후에도 배후 요인이 있다. 이와 같은 발상법은 QC 활동 중에서 고안된 Why Why 분석 기법에 의해 실용화되고 있다(오구라 히토시, 《Why Why 분석 철저 활용법》, 일본플랜트메인테넌스협회).

Why Why 분석법은 사고나 오류 같은 현상을 발생시키는 요인을 규칙적으로, 순서대로, 빠짐없이 파악하기 위한 기법이다. 따라서 특별한 기법이나 지식이 필요없으며 손쉽게 활용 가능하다.

분석의 순서는 대상이 되는 사건이 발생한 요인을 추출한 뒤, 각각의 요인에 대해 'Why'를 반복한다. 마지막에 명확해진 원인이 '근본 원인(Root Cause)'이다. 이 근본 원인을 제거하고 개선하면 재발

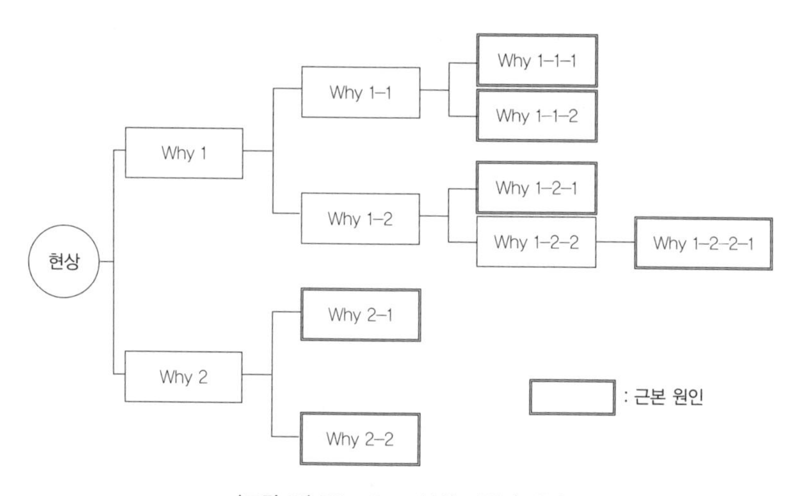

〈그림 21〉 Why Why 분석 기법의 개념

방지로 이어진다. 즉, 분석이 이론적으로 맞는지, 무리한 조건은 없는지 등을 확인할 수 있다. 또한 현상이 일어나는 데 영향을 미친 요인도 추출할 수 있다.

이 추락 사고 사례에서는 '2,400피트'라는 지시를 '400피트'로 잘못 복창하고, 그 사실을 인식하지 못했던 것을 'Why Why'로 추적해간다.

그 결과 관제관의 관제 용어 사용법에 문제가 있었음이 드러났다. 관제 용어 사례에서는 이와 같은 경우 "descend to two thousand four hundred feet"라는 표현이 제시되었다. 그러나 예로부터 지역에 따라 "flight level two four zero"라는 용어를 사용하기도 했으나, 언제부터인가 "two four zero zero"라는 용어가 관례적

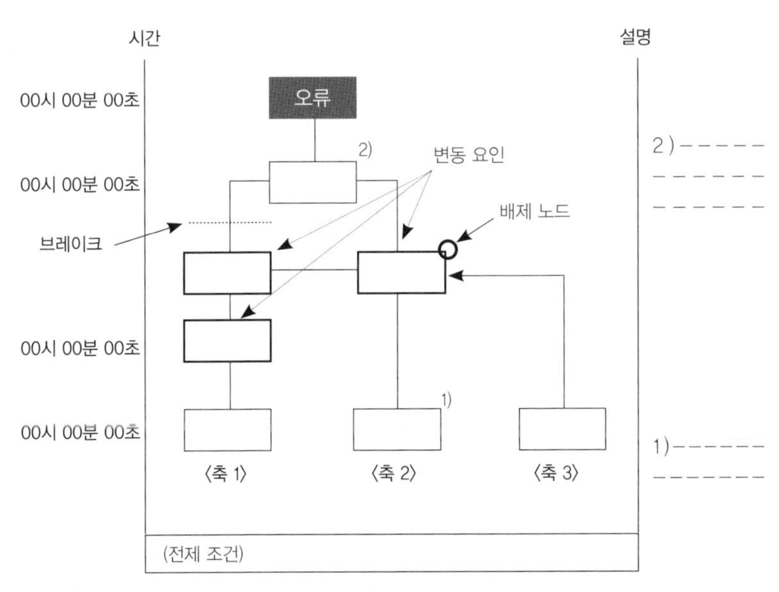

〈그림 22〉 'Why Why?'를 탐구

으로 사용되었다. 영어권 조종사와 비영어권 관제관과의 송수신에서는 그 복창이 잘못되었다는 것까지는 알아들을 수 없었던 것이다. 얼마 가지 않아 이 용어는 관제용어 사례에 따라 바르게 사용되도록 세계적으로 지적 · 개선되었다.

베리에이션 트리의 배제 노드와 브레이크에 대해서 Why Why 분석을 수행하고, 각각에 맞는 길이를 갖게 하면 배후 요인과 근본 원인이 명확해진다.

(3) M-SHEL 모델 응용

M-SHEL 모델이란

M-SHEL 모델은 일어난 사건에 대한 휴먼팩터적 접근을 위해 개발된 사건 분석 툴이다. 이는 1972년 영국의 E. 에드워즈 교수가 같은 해 런던에서 개최된 영국 에어라인조종사협회(BALPA) 기술 심포지엄에서 〈안전을 위한 인간과 기계 시스템(Man and Machine System for Safety)〉이라는 강연에서 발표한 것이다. 이것은 일어난 사건 관련 문제 해결에 있어서 오퍼레이터(인간)를 중심으로 관여하는 모든 요소를 '소프트웨어(절차서나 매뉴얼, 교육 훈련 등)', '하드웨어(기계, 장치, 시설 등)', '환경(온도나 습도, 밝기 등의 작업 환경, 분위기나 마음가짐 등의 심리적 환경 등)', '인간(상사나 동료 등 오퍼레이터 이외의 인간)'과의 관련성을 명확히 하는 것으로, 개선해야 할 오

류가 어디 있는지 알아내는 데 유용한 아이디어이다.

이 이론은 당시 유럽에서는 최첨단을 달리고 있던 항공업계의 지지를 얻어 세계적으로 소개된 IFALPA(국제에어라인조종사협회)나 IATA(국제항공수송협회) 등에서도 자주 인용되었다.

이 에드워드 교수의 이론을 기반으로 네덜란드 항공의 캡틴이자 인지심리학자 F. 호킨스에 의해 더욱 실용적인 나무 블록 형태의 모델이 고안되었다. 호킨스는 나무 블록의 접점 부분을 凹凸 형태로 표시했다. 중심이 되는 오퍼레이터와 주변 SHEL과의 凹凸에는 중요한 의미가 있다. 예를 들어 인간의 'L'은 인간의 능력 차이나 한계, 또는 기본적인 특성이 모두 똑같을 수 없다는 것(이것을 '베리에이션=변동요소'라고 한다)을 나타내고 있다. 주위를 둘러싸고 있는 'S', 'H', 'E' 등도 마찬가지로 직선으로 표시하지 않은 변동요소가 있기에 각 중심의 'L' 사이에서 凹凸 부분을 서로 맞물리게 하는 시책이 필요하다는 것을 나타내고 있다.

예를 들어 중심의 'L' 주변 요소를 톱니바퀴가 서로 맞물리는 것처럼 배치시키면 적정(適正) 검사에 따른 선발이나 특별한 교육 훈련을 수행하는 등의 대책이 필요해진다. 초기의 항공기에는 인간공학상의 문제가 아주 많았기 때문에 조종사 후보 채용에 사용할 다양한 적성 검사를 고안했다. 즉, 인간이 주위의 모든 요소에 적합하게 하려는 아이디어인 것이다.

마찬가지로 주위의 모든 요소를 중심의 'L'에 적합하게 하려는 접근도 검토되고 있다. 인간의 특성이나 능력에 맞춰 기계를 설계하고, 환경을 정비하고, 에러의 처리 절차를 준비하는 등의 대책이다.

따라서 나무 블록 형태의 요소를 단독으로 인식하지 않고 'L-S', 'L-H', 'L-E', 'L-L'과 같이 '일대일'로 생각할 수 있었던 것이다. 즉, 휴먼팩터는 인간의 문제를 넘어 주변의 모든 요소와의 접점에서 인식되고 다뤄져야 한다는 중요성이 제창되었다.

이렇게 완성된 'SHEL 모델'은 1984년 구미 공동체(당시)에서 발표되어 세계 항공업계에 소개되었다. 이 모델은 휴먼팩터를 이해하기 위한 툴로서 우수한 모델이었기 때문에 국제민간항공기관(ICAO)에 의해 항공계 공통의 이념으로 공식적으로 채택되었고, 세계 항공계로 보급되었다.

1990년대 후반, 도쿄 전력원자력연구소 휴먼팩터연구실이나 일본 휴먼팩터연구소 등이 'SHEL 모델' 연구를 진행하는 과정에서 이 모델에는 '관리(Management)' 요소가 고려되지 않았다는 것에 주목하여, 논의 끝에 이 나무 블록 모델을 둘러싸는 식으로 '관리' 요소를 표현할 것을 제안했다. 그 결과 현재의 'M-SHEL 모델'이 탄생했다(〈그림 23〉 참조).

이 'M-SHEL 모델'은 그동안 휴먼팩터 에러의 이론이 주로 당사자의 문제로 전개되던 것을, 에러를 유발하는 배후 요인까지 주목하는 발상법으로 전환시켰다. 그러니까 당사자에러에만 집중할 것이 아니라, 그것을 유발한 상황의 흐름(Error Forcing Context)을 탐구하여 보다 더 효과적인 재발 방지 대책을 찾기 위한 새로운 발상법을 제안한 것이다.

구체적으로 표면화된 당사자에러의 배후는 잠재된 보다 큰 문제이기 때문에 지적하기 힘들고, 대책을 세우기도 어려운 '조직에러'가 존재하는 것을 인식하고, 이를 탐구함으로써 문제의 본질에 다가갈 수 있다. 이러한 접근 방법을 잊어버리면 표면화된 당사자에러를 위한 대책만 세운 채 문제를 마무리하게 되어, 가장 중요한 조직에러를 방치되게 된다. 그 결과 재차 동일한 사고가 반복해서 일어나는 것이다. 이것이 연속 사고의 메커니즘이다.

'M-SHEL 모델'을 응용할 때에는 가장 먼저 'M(관리)'에 대해서

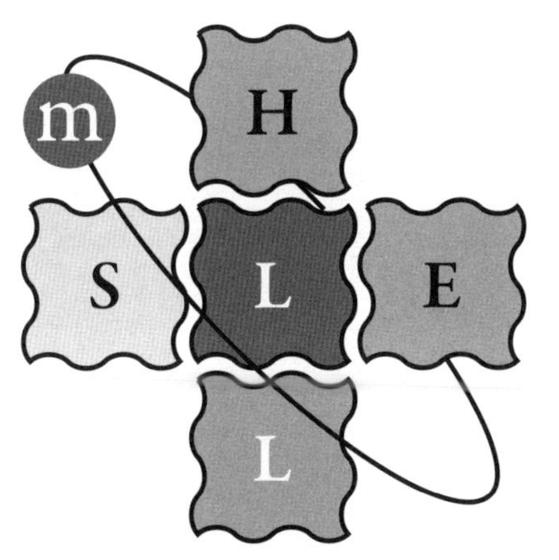

S: Software
절차서, 매뉴얼 등

H: Hardware
기계기구, 장치,
맨 · 머신 인터페이스
(man · machine interface) 등

E: Environment
온도, 소음, 공간 등 물리적
작업 환경, 분위기 등 사회적 환경

L: Liveware
중앙: 오퍼레이터
하단: 팀 동료 등

M: Management
매니지먼트

〈그림 23〉 M-SHEL 모델

검토한다. 다음으로 각각의 요소와의 관련성을 정리하고, 마지막으로 다시 관리 요소로 돌아와서 정리하는 것이 효과적이다.

'M-SHEL 모델'로 검색

베리에이션 트리 기법에 따라 명확해진 배제 노드나 브레이크 포인트가 'M-SHEL 모델'의 어떤 요소와 관련이 없는지를 검토하는 것은 대책을 마련하는 데 효과적이다. 그 순서는 사전에 작업 내용에 맞춰 'M', 'L-S', 'L-H', 'L-E', 'L-L', 'L'의 각 관련 요소의 사례에 따라 리스트업해두면 편리하다.

예를 들어 교통사고를 분석하는 경우에는 매니지먼트의 문제, 운전사와 소프트웨어의 문제, 하드웨어의 문제, 환경의 문제, 상대 운전사 등 그 외의 사람들과의 문제, 운전사 자신의 문제 등 생각

M	도로 관리(신호, 가드레일, 중앙분리대), 운전사의 근무시간 관리, 안전 정보 관리, 안전 교육, 업무에 필요한 인원 확보
L-S	자동차 운전 습관과 숙련도, 매뉴얼 이해, 교통 법규 준수, 자동차의 사용 목적 외 사용, 좌우 확인, 일시 정지, 안전 운전 교육, 과속, 한눈 팔기
L-H	운전하는 차의 성능, 자동차 정비 상황, 신발(마찰력이 떨어지는 구두 등), 자동차의 백미러, 기어 레버, 브레이크, 와이퍼, 신호, 표식 등
L-E	날씨(비, 안개, 동결, 눈 등), 시계, 도로 중앙선, 커브 미러, 경사도로, 급커브, 밝기, 옥외 광고, 직장 분위기, 인간관계, 가정 내 사정
L-L	동승자, 상대 차의 운전사, 상사, 고객, 보행자, 직장의 분위기, 인간관계, 안전 정보의 공유화
L	건강 상태, 피로, 걱정거리, 시간적 압박, 불안, 감정의 기복, 약제의 부작용, 정신적 고민, 공복, 수면 부족

〈표 3〉 M-SHEL에 의한 배후 요인의 예(교통사고의 경우)

할 수 있는 구체적 항목을 리스트업해두는 것이다(〈표 3〉 참조).

배제 노드나 브레이크는 표면화된 문제점에 주목하기 위한 설정으로, 그들 자신의 배후 요인이나 그 상황의 흐름을 추적하는 것이 중요하다. 하지만 배후 요인을 추구하면 사건 전체와 관련된 배후 요인이 명확해진다. 조직적 대응을 필요로 하는 문제점은 배제 노드나 브레이크 포인트 이외의 문제의 원인이 되는 경우가 많다.

또한 사건에 따라서는 경위가 단순하여 베리에이션 트리를 그리기 어렵기 때문에 직접 'M-SHEL 모델'을 응용하여 정리하는 편이 이해하기 쉽다. 사실 많은 현장에서 관리상의 문제나 인간의 문제, 환경의 문제 등을 포함한 사건에 직면해왔다. 그와 같은 사례에 대해서는 'M-SHEL 모델'만 전면에 나타내어 해결책으로 이어지게 하는 것도 설득력을 가질 수 있다.

(4) 배후 요인의 흐름 파악

트리에서 명확해진 변동 요인을 배제 노드의 일종으로 생각하면, 에러를 유발하는 배후 요인이 각 노드의 배후에 존재한다는 것을 알수 있다. 그것들은 별도의 노드 발생과도 관련이 있는 경우가 많다. 오류에 이르는 사건의 연쇄성을 고려하면, 일련의 노드를 유발하고 있는 배후 요인의 큰 흐름이 존재하는 것 같다.

이 에러 유발 요인의 상황 흐름을 'EFC(Error Forcing Context)'

라고 한다.

제2장에서 제시한 당사자에러와 조직에러에 따른 연속 사고 발생 메커니즘이 어쩌면 이 에러 발생 요인의 흐름을 나타낸 것일 수도 있다.

효과적인 대책을 마련하는 데 있어서 이 EFC는 없어서는 안 될 중요한 포인트다. 이는 조직의 분위기나 정책 등 조직 전체에 공통적으로 적용되는 기본적인 문제인 경우가 많다. 예를 들어 수주하고 있는 고객으로부터 차례차례 들어오는 신규 요청이나 새로운 기계, 설비 기술의 도입 등과 함께 좋든 싫든 조직을 표면화하는 문제 등이다.

EFC의 구체적인 예를 들어보자.

① 사업(생산)에 필요한 인원, 설비, 기간 등의 확보 부족

② 세대교체에 따른 기술 전승 단절

③ 불충분한 기능 훈련

④ 직장 내의 침체된 분위기, 의욕, 평등감, 의사소통 등의 후퇴

⑤ 매뉴얼이나 순서의 진부화

⑥ 커뮤니케이션 부족

⑦ 안전 정보에 대한 수평 전개 부족

⑧ 오류가 많이 발생함에 따른 사기 저하와 자신감 상실

⑨ 팀워크 결여

⑩ 그룹 내에서의 부적절한 역할 분담, 불명확한 책임 소재

⑪ 준법정신 결여

⑫ 다수의 암묵적 양해, 결정

⑬ 미성숙한 안전 문화

이와 같은 EFC에 의해 에러나 오류가 유발된다. EFC는 발생하는 오류에 공통적으로 적용되는 배후 요인이 되어 빈번하게 표면화되기 때문에 사고가 반복된 후에야 인식되는 경우가 많다.

8. 효과적인 재발 방지 대책 유도

(1) 배후 요인에서 재발 방지 대책으로

베리에이션 트리 분석 기법에 의해 파악된 배제 노드나 브레이크 등 배후 요인에서 효과적인 재발 방지 대책을 유도하는 것이 분석 작업에서 가장 중요하다. 대책의 전제 조건은 현장에서 받아들여지는 것이다. 그 때문에 제3장에서 기술한 것처럼 다음 8개 조건을 만족시켜야 한다.

① 적중성: 원인에 맞는 대책인지?

② 확실성: 재발 방지에 확실히 효과가 있다고 생각하는지?

③ 영속성: 일시적인 대책이 아닌 언제까지라도 효과적인지?

④ 구체성: 추상론이 아닌 구체적인 내용으로 이루어졌는지?

⑤ 실시가능성: 내용, 소요 시간, 타이밍, 일의 양 같은 면에서 실천 가능한지?

⑥ 보급성: 타 조직에도 침투시키는 것이 가능한지?

⑦ 정합성: 실시하는 내용이 규칙이나 성책에 꼭 맞는지?

⑧ 경제성: 비용, 맨 파워, 기계나 설비 등이 경제 상황에 맞는지?

이와 같은 조건에 맞춤으로써 현장에서 받아들여 실천 가능한 대책으로 기능하게 된다.

(2) 보다 더 효과적인 대책을 위하여

재발 방지 대책을 현장에 제시하는 경우, 그 대책이 어떤 범주의 것이며, 어떤 방책으로 실천하는 것이 적당한지를 동시에 보여주는 것이 일반적이다.

그러기 위해서는 M-SHEL 모델을 통한 정리 결과를 '휴먼팩터의 4E'라고 불리는 실천 방법과 매트릭스에 맞게 표시하는 것이 효과적이다.

예를 들어 제1장에서 예시로 든 자동차 추돌사고의 문제점을 M-SHEL 모델로 정리한 결과를 재발 방지 대책으로 활용하는 경우, 다음과 같이 'M-SHEL/4E 매트릭스'를 활용하면 해당 대책을 이해하기 쉬워지고 현장에서도 실천하기 쉽다. 여기서 휴먼팩터 4E는 다음과 같다.

① Engineering: 공학적 대책, 기계나 설비 개량, 시설 개량, 인간 중심의 자동화 등
② Education: 교육 훈련, 정보 부여, 'Know Why' 정책이나 방법론까지 이해시킴
③ Enforcement: 강제 강화, 상벌, 준법정신, 매뉴얼화, 규정화 등
④ Example: 솔선수범, 사례의 소개, 적극적 실천의 자세 등

재발 방지 대책은 현장에서 이해하고 실천해야 효과적이므로, 단지 슬로건으로 끝나지 않도록 배려해야 한다. 만약 슬로건이나 포스터를 활용해서 말단 직원들에게까지 주지시키려고 한다면 '그 대책이 세워지게 된 경위와 목적'까지 명확히 제시해야 한다. 그래야 현장에서 이해하는 데 도움이 된다.

재발 방지 대책은 확실하게 실천되어야 비로소 그 진가가 나타난다. 관리자에게 중요한 것은, 대책의 실천 단계는 안전 관리 사

이클의 일부라는 것이다. 대책을 마련하는 것 이상으로 어떻게든 확실하게 실천하는 것이 중요하다. 그래서 관리자의 솔선수범하는 자세가 필요하다. 일찍이 야마모토 이소로쿠는 "실천한 뒤 보여주고, 말한 뒤 들어주고, 시킨 뒤 확인하고, 칭찬하지 않으면 사람은 움직이지 않는다"라고 했다. 무슨 일이든지먼저 시범(demonstration)을 보여주고, 지속적으로 충분히 설명하여 이해시킨 다음에 실제로 그 일을 시키는 것이 좋다. 처음부터 잘하는 사람은 드물다. 그러나 사람은 반드시 잘할 수 있는 것이 있기 마련이다. 그러므로 그것을 놓치지 않고 칭찬해야 한다. 또 야마모토는 자신감을 갖게 한 다음 부족한 부분을 차분히 가르치는 기능 훈련 비법을 설명했다. 그러나 그중에서도 특히 '솔선수범' 정신을 강조했다고 전해진다. 임무를 수행하는 집단의 크기, 사람의 많고 적

	M	L-S	L-H	L-E	L-L	L
문제점	도로 결함 개선 지연	새 차 운전 미숙	새 차 성능 매우 좋음	비 내림 야간 시계 불량 내리막길 급커브	헤드라이트 상향 상태로 운전	과로로 수면 부족 상태에서 운전
Engineering	○		○			
Education		○				○
Enforcement					○	
Example				○		

〈표 4〉 M-SHEL/4E 매트릭스법

음을 떠나 조직을 리드하는 사람이라면 솔선수범의 정신은 불가결하다. 지금도 솔선수범 정신은 '매니지먼트의 기본'으로 계승되고 있다.

확실한 실천 다음에는 그 결과를 평가하고, 필요에 따라 개선해 나가는 'Plan-Do-Check-Act' 사이클에 맞춰 계속 향상시켜나간다. 이것이 바로 '리스크 매니지먼트 시스템'의 가장 기본적인 발상법이다. 여기까지 완결시킨다면 비로소 휴먼팩터 분석을 행하는 의의가 생기는 것이다.

실패나 오류를 보고하게 하고, 서고에 보관하며 안심하는 사례 역시 그 내용이 기존의 것보다 한발 앞서 나갔다 하더라도 통계나 분류로 끝나버리고 아무런 대책도 이끌어내지 못하는 경우를 자주 접했다. 이것은 다른 관점으로 보자면 '안전 문화'의 문제라고 할 수 있다. 즉, 담당자를 포함해서 조직 전체의 안전에 관한 가치관 문제이며, 조직원들의 행동 양식의 문제인 것이다.

제5장

안전 문화 이루기

1. 안전 문화란

앞 장에서 안전 관리 사이클을 완전하게 움직이는 원동력은 안전 문화(Safety Culture)라고 설명했다. 제5장에서는 안전 문화란 무엇인지에 대해 살펴보고자 한다.

'안전 문화'라는 말이 일반적으로 사용된 것은 그리 오래되지 않았다. 1986년 4월, 옛 소련에서 체르노빌 원자력발전소 사고가 일어났을 때, 안전 대책을 검토하기 위해 전 세계 과학자가 모여 논의를 했다. 그 당시 일시적 대책이 아닌 근본적인 발본책을 검토하기로 했고, 이에 따라 "조직 전체를 생각하는 관점에서 개선하지 않으면 안 된다"는 것을 기본으로 정리한 것이 조직의 안전 문화이다. "안전 문화란 조직의 안전 문제가 누구에게나 보다 더 높은 우선도를 가지고 그 중요성에 따라 주의를 기울이는 것을 확인하는 것으로, 조직과 개인의 태도, 특징, 성질의 모음이다."(국제원자력안전자문위원회, 1991년)

쉽게 정리하면 "안전 문화란 안전의 중요성에 대해서 습관이 되는 집단의 가치 판단의 레벨을 말하며, 그것을 규범으로 한 조직 전체의 행동 양식을 말한다"(일본 휴먼팩터연구소)라고 할 수 있다.

1999년에 일어난 일련의 사고들 이후 일본 정부는 기술입국 일본의 신뢰성이 실추했다고 판단, 내각관방장관을 의장으로 하고 정부 각 성청의 국장급을 멤버로 한 '사고재해방지안전대책회의'를 소집하여 안전대책 긴급 검토를 실시했다. 2개월간의 토론 결과, '안전 문화의 창조'를 중심으로 한 긴급 대책을 정리했다. 여기서는 리스크 매니지먼트 시스템 마련 및 위기관리 체제의 확립 등과 함께 '초등교육에서의 안전 가치관 교육'도 포함시켰다. 체르노빌 원자력 발전소 사고재해를 직접 경험하지 못한 당시 일본에서는 국제원자력자문위원회가 발표한 '안전 문화의 고양'에 깊은 관심을 나타내지 않았지만, 그래도 이때 처음으로 안전 문화에 주목했던 것이다.

2. 조직의 안전 문화

일본 정부가 발표한 '안전 문화의 창조'라는 아이디어는 그것을 가장 필요로 했던 산업계가 자연스럽게 받아들였다. 이에 따라 안전 문화를 어떻게 고양해갈 것인가를 생각하게 되면서 안전 문화가 기업의 평가 요소로서 중요시되는 계기가 되었다.

(1) 산업 재해가 많은 기업의 특징

(다카노 켄이치, 전력중앙연구소)

① 암묵적 양해하에서 결정되는 경우가 많다.

② 분위기에 쫓기면 안전 절차가 지켜지지 않을 때가 자주 있다.

③ 상급자의 결정에 무조건 따르는 것이 좋다고 생각한다.

④ 노력해도 결과가 나오지 않으면 평가받지 못한다.

⑤ 현장 직원은 공정 관리를 가장 중시한다.

이에 비해 재해가 적은 안전 기업은 다음과 같은 특성을 가지고 있다.

(2) 산업 재해가 적은 기업의 특징

① 사장이 안전에 깊은 관심을 가지고 있다.

② 애매하면 작업을 멈춰서라도 확인하는 풍조가 있다.

③ 현장작업원이 안전담당자와 부담 없이 상담 가능하다.

④ 새로운 것에 도전하는 분위기가 있다.

⑤ 모두가 규칙에 따르며, 규칙을 지킨다.

일견 당연한 것 같지만 이러한 내용을 갖추는 것은 매우 어렵다. 하지만 이와 같은 무사고 조직에서 배우고자 하는 겸허한 자세는 안전 문화를 창조하는 데 있어 필요 불가결한 것이다.

3. 안전한 기업에서 배운다

1802년 화약 사업으로 시작해 올해로 창립 213주년을 맞이한 듀폰사는 세계적인 안전 기업으로 알려져 있다.

듀폰사는 창업 이래 오랜 역사 속에서 일관된 안전 정책을 추진하고 있다. 2002년 10월, 일본경제신문사가 개최한 '기업 경영 심포지엄'에서 듀폰사의 찰스 홀리데이 회장(현 뱅크 오브 아메리카 회장)은 〈기업 영속성(sustainability)의 비결〉이라는 제목의 강연에서 듀폰사의 기업 이념을 소개했다. "항상 '지속가능한 성장'을 목표로 고객과 인류에게 무엇이 중요한가를 생각하고, 환경을 배려한 사회적 책임을 다하면서 일하고 있다. 그중에서도 직원을 존중하는 문화가 중요하며, '안전도 업무의 일부'라는 구호 아래 1811년에 대규모 안전 프로그램을 개시했다"고 전했다.

다음은 듀폰사의 기본 정신이다.

(1) 안전철학

우리는 안전과 환경 보전이 보장될 수 없다면 제품을 제조하고, 취급하고, 사용하고, 수송하고, 폐기하지 않는다.

⑵ 안전의 사명

우리는 기기를 안전하게 운전하고, 환경을 보전하고, 우리의 직원이나 고객, 더 나아가 우리가 사업을 하고 있는 사회와 그 구성원들의 안전을 지키기 위하여 최고도의 기준을 확실하게 지키지 않으면 안 된다.

⑶ 안전위생의 10원칙

① 모든 장해 및 직업병은 방지할 수 있다.

② 매니지먼트는 상해 및 직업병 방지에 직접 책임이 있다.

③ 안전은 고용의 조건이다.

④ 트레이닝은 직장의 안전을 확보하는 기본적 요소이다.

⑤ 안전 감사를 실시하지 않으면 안 된다.

⑥ 안전 · 위생상의 결함은 바로 개선하지 않으면 안 된다.

⑦ 실제로 발생한 장해는 물론, 불안전 행동이나 장해로 이어진다고 생각되는 모든 것에 대해서도 조사하지 않으면 안 된다.

⑧ 근무시간 외의 안전도 근무시간 내의 안전과 마찬가지로 중요하다.

⑨ 건강을 유지하고 상해를 방지하는 것은 보람 있는 일이다.

⑩ 사람은 안전과 건강 프로그램을 성공시키는 가장 결정적인 요소이다.

(4) 안전위생 방침

① 우리는 생산, 제품 개발, 시장 개발, 수송 활동에 있어서 모든 법률 및 법칙을 지킨다.

② 우리는 해당 업무의 법률적 요건 이상의 레벨에서 항상 재검토한다.

③ 우리는 각 제품의 제조, 사용, 취급, 폐기와 관련하여 안전을 확인한다.

④ 우리는 제품 또는 직장에서 취급하는 화학물질에 대해서 직원이나 사회 구성원들에게 공지한다.

⑤ 우리는 비상 사태에 대한 대응 시 지역사회에 대한 리더십을 발휘한다.

⑥ 이 방침을 세계에 적용한다.

이와 같은 안전에 관한 기본적인 발상법이 200년간 안전 조업의 역사를 지탱하고 있다는 것이다.

이쯤에서 1951년 이래 안전 운항을 지속해왔다고 평가받는 콴타스 항공(Qantas Airways, 오스트레일리아의 국영 항공사)의 안전 정책을 검토해보자.

(1) 콴타스 항공의 안전 슬로건

비행 안전은 항공기를 취급 또는 그것에 관여하고 있는 모든 사람들에 의해 유지되고 있다. 더구나 지상에서 안전하게 일하고 있는 사람들의 책임이, 한 사람 한 사람이 높은 안전 의식을 가지고서 업무를 신뢰하는 것이 비행하는 사람들에 비해 훨씬 중대하다.

(2) 조직의 안전 문화

① 일정보다 안전이 우선(Safety before schedule, 1936년 이래 이어져온 정책으로, 정시성보다도 안전 제일을 강조한다.)

② 못하는 것보다 늦는 것이 나음(Better late than never, 다소의 지연은 영구히 착륙하지 못하는 것보다 낫다. 시간에 쫓기지 말고 확실하게 정비해서 출발시켜라!)

③ 조종실 내의 친숙한 분위기와 긴장감의 공존

그 배경에는

- 계층의식이 낮아 뭐든지 얘기할 수 있는 분위기가 있다.

  옛날에 영국에서 죄수들이 오스트레일리아로 건너왔다고 하는 역사 때문에, 영국의 계급의식을 모두 버리고 계층을 의식하지 않는 새로운 문화가 자리를 잡았다.

- 조종실 내에 제3의 남자가 탑승하여 잘못을 모니터링하고 있다. 매뉴얼이나 법규에서 벗어난 것은 모두 보고된다.

• DFDR(Digital Flight Data Recorder)을 해석하여 비행 중의 매뉴얼을 가지고 일탈 상황을 모니터링하고 있다(그레이엄 브리스웨이트 박사).

④ 직종 간의 커뮤니케이션 양호

⑤ 노사 관계 양호

⑥ 안전 정보를 언제나 입수 가능함(담당자 24시간 체제)

⑦ 기장의 권한 확립과 책임의 수행(기장의 권한을 존중하며 동시에 책임 수행을 기대하고 있다. 책임 불이행의 경우에는 그 취지를 보고한다.)

⑧ 정부의 양해하에서 안전 보고 제도를 운용(면책성, 익명성 등에 의해 이해에 따라 실패 체험을 부담 없이 제출하게 하는 분위기가 조성되어 있다.)

1920년에 창립된 남반구 오스트레일리아 제일의 항공사로서, 1951년 7월 DHA3형 항공기의 엔진이 정지했을 때 프로펠러 페더(propeller feather)가 작동되지 않아 추락한 사고로 승무원 및 승객 일곱 명이 사망한 이래, 사망 사고 제로를 기록하고 있는 콴타스 항공의 안전 문화를 이로써 엿볼 수 있다.

이 외에도 안전 조업을 오랜 기간 지속적으로 추진하고 있는 기업은 존재한다. 그 기업들에서 사고가 발생하지 않는 이유에 대한 연구는 매우 효과적이며, 실제로 안전 대책에 활용할 포인트를 뽑아낼 수 있는 가능성이 크다. 안전 기업으로부터 배운다는 겸허한 자세 또한 안전 추진을 지향하는 데 필요 불가결하다.

4. 모두가 함께 이루어나가는 안전 문화

안전 문화는 조직 전체의 행동 양식이다. 톱 매니지먼트와 안전 담당 부서만의 책임이 아니라. 다이내믹하게 활동하고 있는 조직 전원이 관여하고 이루어나가는 것이다. 안전 문화를 조직에 뿌리내리기 위해서는 각자의 위치에서 다음 내용을 함께 실천해야 한다.

① 조직의 안전철학 명시(매니지먼트의 리더십 발휘)

② 전원이 일치협력 가능한 환경(분위기) 창출(조직의 하고자 하는 의욕을 끌어낸다)

③ 임무와 관련한 책임 소재의 명확화(정의의 문화)

④ 상호 확실한 커뮤니케이션 유지(정보의 문화)

⑤ 정확한 순서 작성과 확실한 업데이트 및 준수(학습의 문화)

⑥ 엄격한 내부 감사 실시(자율의 문화)

⑦ 실패를 솔직하게 보고할 수 있는 분위기 조성(보고의 문화)

⑧ 보고를 받아들이는 개방된 조직 분위기(유연한 문화)

⑨ 실패의 교훈을 전승하고 활용(재해는 잊어버리는 순간 찾아온다). 사고의 비참함, 막대한 손해를 날려버리지 않기 위한 구체적인 대책을 기획 · 추진하는 일이 필요하다. 예를 들어 '사고 전시실' 등이 그러하다.

또한 현장으로부터의 보텀업(bottom-up) 방식의 안전 문화를 이루려면 다음과 같은 포인트를 고려하면서 추진해나가는 것이 필요하다.

① 휴먼팩터적인 아이디어에 따라 안전을 생각한다.

② 사고발생현상을 재검토하고 재발 방지 관점에서 접근한다.

③ 위험예지훈련(KYT: Kiken Yochi Traing) 활동 등을 통해서 위험을 미리 예측하는 습관을 기른다.

④ 사소한 실패를 소홀히 하지 않고 데이터베이스화한 뒤, 그것에서 교훈을 추출한다.

⑤ 과학적인 사고 분석에 의해 에러나 오류의 배후 요인을 규명한다.

⑥ 현장에서 의심하지 않고 받아들일 수 있는 실천적이고 효과

적인 대책을 마련한다.

⑦ 맨 앞에 서는 사람은 솔선수범의 자세를 보여야 한다.

⑧ 팀 퍼포먼스를 발휘할 수 있는 교훈이나 공동 체제를 마련한다.

⑨ 모두가 참가하고 마련하는 안전 문화를 만든다.

이와 같이하여 안전과 관련된 조직 및 조직 구성원의 가치관을 고취시키고, 위험에 대한 감수성을 높이는 것이 자연스럽게 행동양식으로 나타나고 구현된다. 안전과 물은 쉽게 손에 넣을 수 있다는 인식은 고도의 문명사회에서는 받아들여질 수 없음을 깨달아가고 있다. 그러니 지금이야말로 기초 다지기를 확고히 하여 진정한 안전 문화를 마련해나가야 할 때가 아닌가 싶다.

제6장

실습 편

가상의 사례를 활용해서 실제로 베리에이션 트리를 그린 뒤 분석해보자.

준비물

1. 사인펜(빨강, 검정 3~4개씩)
2. 카드(포스트잇 12.7cm×7.6cm, 클수록 좋음)
3. 모조지(108cm×78cm, 두꺼운 무지가 좋음)
4. 가상 사고 사례 워크시트(사고의 경위를 기록한 것)
5. 작업 테이블(직사각형의 교실용 책상을 두 개 붙여서 대여섯 명이 실시하는 것이 좋다)

이상적인 장소가 확보되지 않아도 작업 테이블 대신 두꺼운 종이로 된 작업판(40cm×60cm 정도) 등을 이용해서 작업할 수도 있다.

작업 구성원

1. 해당 작업에 정통한 사람 서너 명(당사자, 안전 관리자 포함)
2. 휴먼팩터 전문가 적어도 한 명
3. 가능하다면 후방 지원 업무(관리 업무, 서무 업무, 근무 시간표 작성 업무 등)를 담당하는 사람도 참가하는 것이 좋다.

분석 작업을 할 때에는 개인의 선입견이나 편견을 방지하고, 다른 관점에서 분석하기 위해서라도 가급적 많은 관계자를 참가시켜 브레인스토밍을 실시하는 것이 바람직하다.

1. 작업 순서

〈그림 24〉 VTA를 활용한 실습 장면(사진 오른쪽 서있는 사람이 저자)

① 준비된 가상 사고 사례를 숙독한다.

② 개요를 이해하고 5W 1H 중 언제, 어디서, 무엇이, 누구에 의해서, 왜, 어떻게 되었는가라는 객관적인 상황을 파악한다(108쪽의 '사고 사건 발생 경위 조사' 참조).

③ 축을 설정한다(112쪽 '축 설정' 참조).

④ 변동 요인(노드) 정리[115쪽 '시간축에 따른 변동 요인(노드) 정리' 참조].

⑤ 축이나 변동 요인 및 기타 작성 사항은 준비된 카드(포스트잇)에 기입하고, 순서대로 모조지에 붙여간다. 이것은 직접 모조지에 '굵은 테두리 사각형의 다이아그램'을 만드는 작성 방법

을 대체하는 것으로서, 수정이나 배열을 바꿀 때 간단하다는 장점이 있다.

⑥ 각각의 사고 발생 순서를 조사하여 발생 시간을 알아냈으면 시간축에 표기한다.

⑦ 전체와 관련된 요소(당사자의 소속이나 경험 연수, 조직의 정책 등)를 '전제 조건'으로 아래쪽 난에 기입한다.

⑧ 변동 요인 기술에서 부족한 정보는 번호를 매겨 오른쪽 설명란에 보충한다.

⑨ 변동 요인 간의 관련 사항을 화살표 또는 양쪽 화살표로 연결한다.

⑩ 트리가 그려지면 '배제 노드'를 선정하고 다이아그램의 오른쪽 모서리에 물음표 표시를 한다.

⑪ 변동 요인들 간의 관련을 단절시키는 '브레이크'를 결정한다. '배제 노드'나 '브레이크'가 여러 개 있어도 가능하다.

⑫ 베리에이션 트리가 그려지면 트리 검증 단계를 진행한다. '배제 노드'나 '브레이크'에 대해서 5W1H 중 '왜'를 생각하고, Why Why 분석 또는 M-SHEL 모델을 활용해서 추가적으로 배후 요인을 추적한다.

⑬ 효과적인 대책 입안 단계를 진행한다. 실제로 현장에서 받아들여지고 유효하게 기능할 수 있는 대책을 구축한다.

2. 연습 문제(워크시트)

베리에이션 트리를 쉽게 그리기 위하여 몇 개의 가상 사고 사례를 준비한다. 가상 사고 사례는 다양한 분야의 일상 업무 중에 실제로 일어날 수 있는 사건을 상정한다.

간단한 사례부터 시작하자.

(1) 교통사고(점멸신호 교차점에서 일어난 충돌사고)

1) 사고의 개요

날씨는 흐리지만 밝은 상황, 노면이 건조한 도로에서 낮 12시경, 경력 33년차 베테랑 운전사 A 씨(54세 남성)의 보통 승용차와, 타 지역에서 온 경력 4년차 운전사 B 씨(47세 남성)의 보통 화물차가 적색, 황색 점멸신호를 보기 어려운 교차점에서 충돌했다. 이 교차점은 담장에 의해 시계가 차단되어 있어 전망이 매우 좋지 않았다.

보통 승용차를 운전하던 A 씨는 이 교차점을 처음 주행했다. 정지선 12m 앞에서 일단 정차했지만, 그 후 시속 약 20㎞의 속도로 직진하여 정규 정지선에서 정지하지 않고 좌우 확인도 충분히 하지 않았다. 충돌 직전에 B 씨의 차를 발견했지만 피하지 못한 채 그대로 충돌했다. 타 지역에서 보통 화물차를 운전하던 B 씨는 이 교차점을 거의 매일 달리고 있어 익숙한 상태였다.

교차점 바로 앞에서 시속 약 50㎞에서 시속 40㎞로 감속했지만, 안전 확인을 하지 않고 교차점으로 진입했다. B 씨는 왼쪽 전방에서 교차점으로 진입해오는 A 씨를 발견, 급제동을 걸었지만 피하지 못하고 그대로 충돌하고 말았다. A 씨와 B 씨는 마주치는 순간 충돌했다.

2) 트리 작성

작업 순서에 따라 앞의 사례를 베리에이션 트리로 그려보자.

① 사고 사례의 숙독: 요점을 체크하면서 숙독한다.

② 개요의 이해: 전망이 나쁘고, 적색과 황색의 점멸 교차점에서 A 씨와 B 씨의 일시 정지 상황은? 감속 상황은? 신호를 눈으로 확인했는가? 안전 확인 상황은? 각 운전사가 상대를 발견했는가?

③ 축 설정: 단순하게 A 운전사 및 B 운전사로 한다.

④ 노드 작성: A 운전사, B 운전사가 각각 충돌에 이르기까지의 상황을 평소와 다른 점을 중심으로 노드화 '변동 요인으로서 굵은 테두리 사각형 다이아그램으로 기입'한다.

⑤ 기타 사항: 이하 ⑥⑦⑧ 각 항목을 카드(포스트잇)에 기입한다. 시계열에 따라 배열한다.

⑥ 시간축: 12시경을 시간축에 기입한다.

⑦ 설명란: 1) B 씨가 감속과 서행을 혼동하고 있는 것처럼, 조금 감속한 채로 교차점에 진입했다, 2) 한편, A 씨는 정지선의 위치를 잘못 알고 바로 앞에서 정지한 다음 달리기 시작했다, 3) A 씨는 저속으로 달리고 있었기 때문에 안전 확인이 부족했다, 등과 같이 노드를 보충 설명한다.

⑧ 전제 조건: A, B 두 사람의 속성, 운전 경험, 차종, 교차점 상황(담장 때문에 전망이 나쁘다, 적황색의 점멸신호, 노면 건조 등)이다.

⑨ 관련성: 노드 간 관련 사항을 한쪽 화살표 또는 양쪽 화살표로 연결한다. 교차점에 접근했을 때, 두 사람 모두 적색 점멸, 황색 점멸을 눈으로 확인했다.

⑩ 배제 노드: "A 씨- 정지선에서 정지하지 않음, B 씨- 40km로 진행 또는 안전 확인을 하지 않은 채 교차점으로 진입" 등을 선택하고 다이아그램 우측 모서리에 물음표 표시를 한다.

⑪ 브레이크: "A 씨- 정지선의 12m 바로 앞에서 일시 정지, B 씨- 40km의 속도 그대로 교차점으로 진입" 등을 설정하고 변동요인(노드) 간의 관련성이 단절되도록 점선으로 표시한다.

⑫ 트리 검증 단계

"트리 전체에서 사고에 이르는 경위를 파악할 수 있는가? 기술은 타당한가? 배제 노드와 브레이크는 적절한가?" 등을 검증한다. 배제 노드와 브레이크 또한 왜 그와 같은 행동이나 판단에 이르렀는가를 분석한다.

- 왜 정지선에서 멈추지 않았을까? … 정지선을 착각해서 12m 앞에서 멈추고 말았고, 20km의 저속으로 주행하면서 교차점으로 진입했기 때문에 '정지'의 필요성을 인식하지 않았다.
- 왜 40km의 속도로 교차점으로 진입했을까? … 50km에서 감속함으로써 '서행'한 것으로 생각했던 것 같다.
- 왜 안전 확인을 하지 않고 교차점으로 진입했을까? … 이 교차점에 익숙했기 때문에 40km로 주행해도 평소처럼 다른 차와 마주치는 일은 없을 것이라고 믿었다.
- 정지선의 12m 앞에서 멈췄어도 담장으로 가려져 안전 확인은 불가능했기 때문에 바로 차를 몰아 20km로 주행했다. 하지만, 적색 신호를 눈으로 확인하면서 다시 한 번 정규 정지선에서 멈춰 좌우를 확인했어야 한다는 생각을 못했다.

⑬ 대책 검토

- 교통 법규(점멸신호의 의미 등)는 이해하고 있었지만, 그것을 행동으로 옮기기 위한 착안점은 이 사고에서 이끌어낼 수 있다.
- 구체적으로는 적색 점멸에서는 일단 정지하고 안전 확인을 할 필요가 있다. 즉, '정지' 행동을 일으키는 것이므로 정지선

을 확인하고 '그 위치에서 멈춘다'는 것이 가장 중요한 포인트이다. 황색 점멸에서는 '서행'하고 안전 확인을 하는 것이므로 안전 확인이 가능한 속도까지 감속하지 않으면 안 된다. 이는 시속 40km라는 속도에서는 불가능하다는 것이 입증되었다.

- 이 사고가 남긴 교훈은 담장으로 둘러싸인 형태의 교차점으로 진입하지 않으면 안 되는 환경에서는 점멸신호를 보통의 신호로 돌려야 한다는 것이 포인트이다.
- 다시 한 번 언급하자면, 전망이 나쁜 교차점을 그대로 방치해두면 머지않아 동일한 사고가 발생할 가능성이 높다는 것을 도로관리자가 인식하지 않으면 안 된다.

(2) 의료사고(바늘에 찔리는 사고)

1) 사고 개요

사고 당사자는 3년차 중견 간호사로 외과수술팀의 일원이었다. 위 악성종양 적출수술(C형 감염) 중 집도의로부터 사용했던 봉합바늘을 전달받을 때, 다음에 사용할 가위를 준비하느라 방심한 나머지 바늘에 손이 찔리고 말았다. 늦은 밤이라 모두가 피곤했으므로 거의 말이 없었고, 목소리도 작아 대화가 잘 들리지 않는 상황이었다. 집도의는 부원장으로 베테랑이었고, 그나마 조금 긴장해서 작업에 임하고 있었다. 찔린 손은 조금씩 출혈이 일어나고 있었지

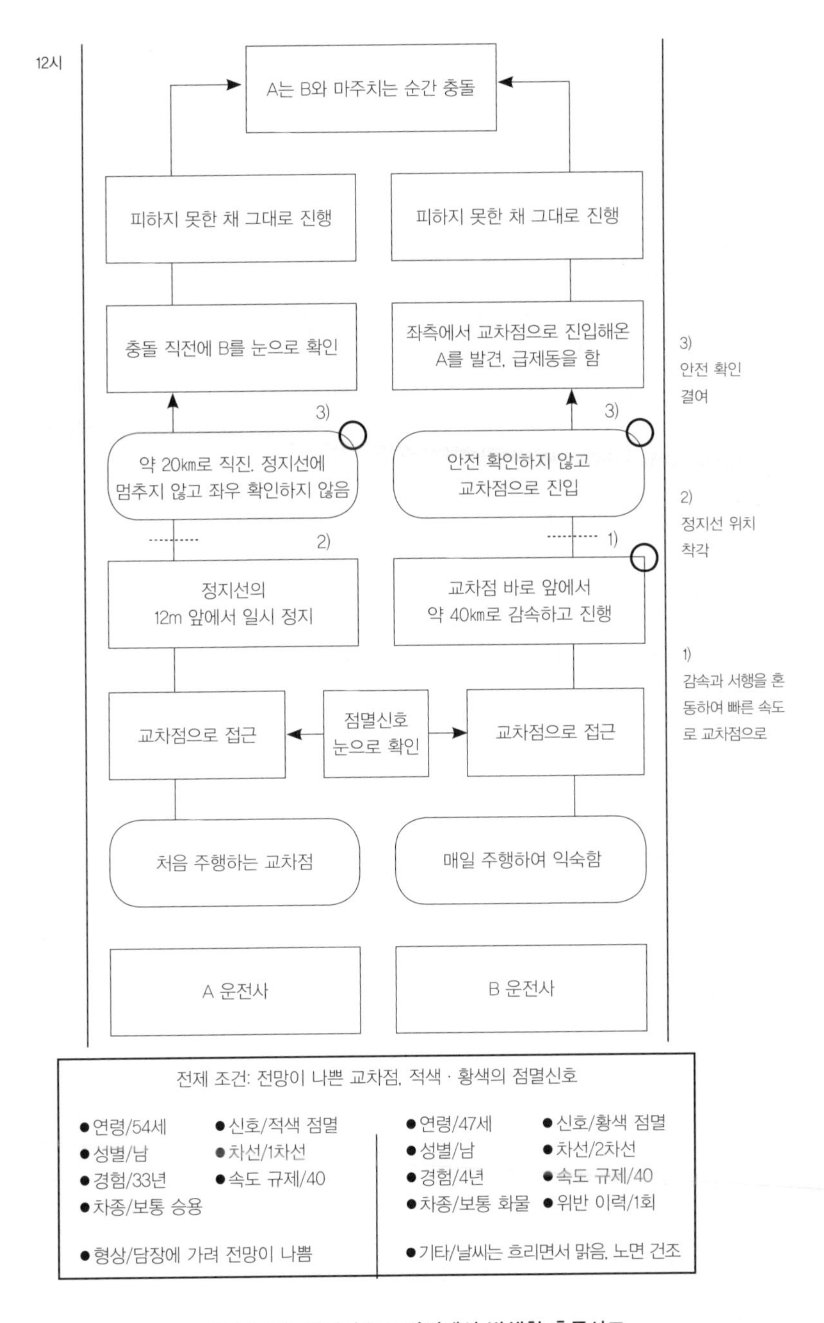

〈그림 25〉 점멸신호 교차점에서 발생한 충돌사고

만, 수술 중에 보고할 수는 없어서 수술 종료 후에 치료했다.

2) 트리 작성

작업 순서에 따라 트리를 그려본다.

앞의 ①~⑪ 순서에 따라 교통사고 사례와 동일한 방법으로 트리를 그려본다. 여기까지는 앞의 예시에서 실시했기 때문에 그 요령에 따라 트리를 그린다. 그 다음에는 '트리 검증 단계'로 이동하여 ⑫ M-SHEL 모델을 활용해 원인과 배후에 잠재하는 문제를 검토해 본다.

비교적 복잡하지 않는 사례이기 때문에 문제라고 생각되는 배제 노드나 브레이크를 비롯한 전체를 M-SHEL 모델로 정리한다.

• 먼저 'M(Management)'의 문제

근무시간 관리가 부적절했다. 또한 안전 의료 기계나 설비 도입이 지연되었다.

• 다음으로 당사자와 소프트웨어 'L-S'의 문제

집도의와 간호사 사이에 '안전 테이블'을 두어 손으로 직접 전달 시 바늘에 찔리는 사고의 리스크를 줄일 수 있는 안이 나왔지만, 채택되지는 못했다. 또한 장갑을 이중으로 착용함으로써 사고를 줄일 수 있다는 것을 알고 있었지만 실천하지는 않았다.

• 'L–H'의 문제

최근 안전한 'ETHIGUARD'라는 봉합 바늘이 있지만 아직 널리 사용되고 있지 않으며, 기존의 '둥근 바늘'을 사용했다.

• 'L–E'의 문제

수술 시작이 늦어지고 있어 팀이 전반적으로 너무 심하게 긴장하는 분위기였다.

• 'L–L'의 문제

부원장이 집도의였기 때문에 간호사와 부원장 사이에 '권위 차이'가 컸다.

• 'L(당사자)'의 문제

수술 보조 작업의 일환이지만 다음에 사용할 가위와 사용한 메스를 동시에 주고받을 때에는 주의를 기울였어야 했다. 게다가 집도의의 목소리가 작아서 잘 들리지 않았지만, 부원장이기 때문에 그것을 솔직하게 말할 수 없었다. 아울러 바늘에 찔리는 사고가 있은 후에도 수술 지원은 계속해서 이루어졌다. 그러나 이와 같은 경우에는 바로 작업을 교대하고 치료해야 한다.

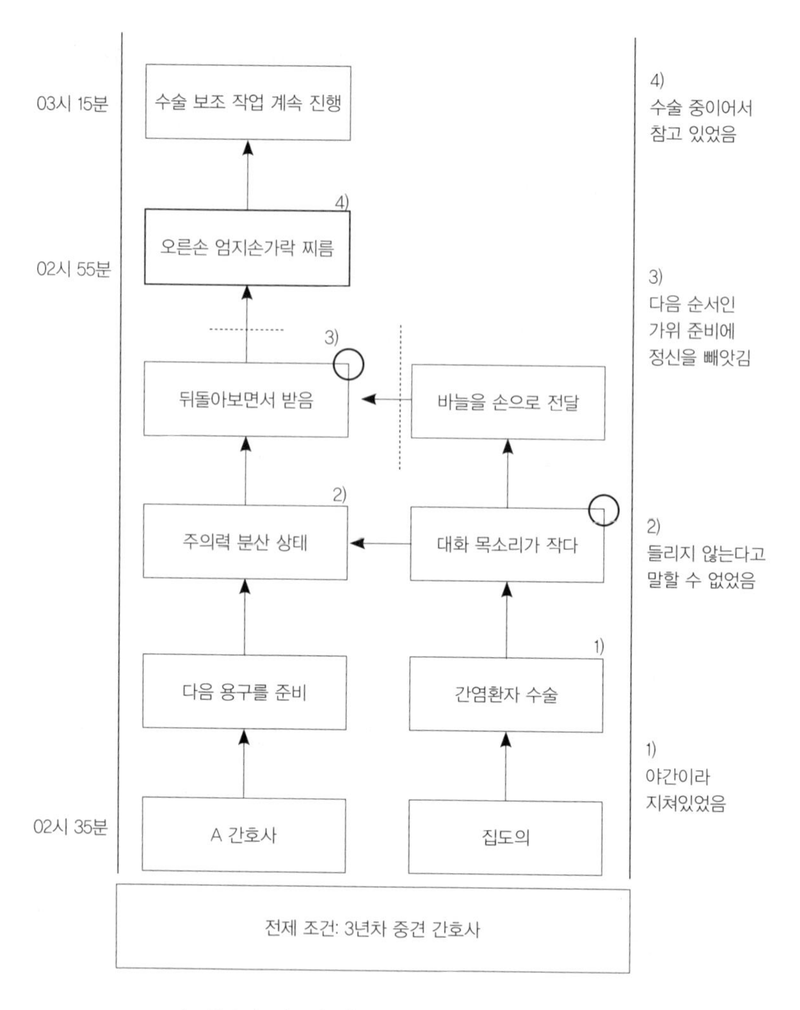

〈그림 26〉 의료사고(바늘에 찔리는 사고)의 분석 사례

베리에이션 트리로부터 효과적인 대책을 유도하기 위해 분석 결과를 검증한 뒤, M-SHEL 모델을 활용하여 원인과 문제점을 정리한다.

	원인과 문제
M	부적절한 근무 관리(안전 기계나 설비의 도입 지연)
L-S	직접 손으로 전달했음(장갑 이중 착용 안 함)
L-H	둥근 바늘 사용(안전한 무딘 바늘 미사용)
L-E	과도하게 긴장하는 분위기였음(수술 지연이 원인인가?)
L-L	권위 차이가 컸음(부원장)
L	주의 분산(바늘에 찔린 후에도 수술 보조 지속)

〈표 5〉 M-SHEL 매트릭스

3) 대책을 입안한다.

	원인과 문제	대 책
M	부적절한 근무 관리(안전 기계나 설비의 도입 지연)	수술 팀 단위의 기능 훈련 도입
L-S	직접 손으로 전달했음(장갑 이중 착용 안 함)	안전지대를 설치하고 그곳에서 전달함. 이중 장갑 착용
L-H	둥근 바늘 사용(안전한 무딘 바늘 미사용)	무딘 바늘 등 안전한 바늘로 교체
L-E	과도하게 긴장하는 분위기였음(수술 지연이 원인인가?)	시간 압박에 의한 긴장 해소 방안 마련
L-L	권위 차이가 컸음(부원장)	온화한 분위기 조성
L	주의 분산(바늘에 찔린 후에도 수술 보조 지속)	일이 지나치게 많아지는 것을 예방하기 위해 상황을 솔직하게 알림

기존의 대책 입안 방식에서는 "당사자인 간호사에게 조심하도록 주의를 준다", 또는 "보조 작업이 안전하게 이루어지도록 재교육한다" 등을 당연한 조처로 여기고 마무리하려고 했던 것은 아닌지 살펴봐야 한다. 왜냐하면 주의해야 할 또 다른 대상이 배후 요인으로

잠재하고 있기 때문이다. 이 분석을 통해 배후 요인을 명확하게 밝힐 수 있게 됨으로써 부주의뿐만 아니라 사고의 원인이 되었던 배후 요인까지 재조명할 수 있게 되었다. 봉합 바늘의 문제, 손 전달 요령의 문제, 이중 장갑 미착용 문제, 긴장 완화나 부드러운 분위기 조성, 의사와 간호사 간의 권위 차이의 문제, 보다 넓은 관점에서는 수술 팀 단위 훈련이 필요하다는 점, 또는 안전 기계나 설비의 조기 도입 등 동일한 사고의 재발을 방지하기 위한 대책이 순차적으로 떠오른다. 그 가운데에서 대책 8개조(효과적인 재발 방지 대책)에 비추어봤을 때 가장 효과적이다고 생각되는 항목부터 실천한다.

(3) 귀가 도중의 교통사고(제조업, 잔업 후)

1) 사고의 개요

세상은 바야흐로 디플레이션에 따른 불경기가 바닥을 치면서, 경제활동이 급속히 활성화되고 있다. 인쇄기 메이커 A 사 역시 물류가 늘어나고 상품 광고 등 선전 미디어가 대량으로 필요한 시대가 되어 수주가 대폭 늘어나 급성장하고 있다.

A 사의 중견 기술자인 신혼의 사이토는 후배인 하라다와 한 팀으로 B 인쇄사에 신형 인쇄기 납품 및 설치 작업을 담당하고 있다. 중도에 사양 변경 요구가 있어서 부품 조달이 지연되었고, 이에 따라 설치 작업도 지연될 기미가 있었다. 하지만 B 사는 납기 준수를

엄격하게 지키는 기업이므로 그에 맞추기 위해 연일 밤 10시를 넘기는 잔업을 계속했다.

이와 같은 상황에서 하라다는 마침내 요통이 심해져 입원하고 말았다. 사이토는 회사에 인원을 지원해줄 것을 요청했지만, 모든 기술자가 외근 중인 상황이라 어떻게든 혼자 해보라는 회신이 왔다. 납기가 임박했기 때문에 사이토는 최선을 다해 작업을 마쳤고, 귀갓길에 올랐을 때는 이미 새벽 2시가 넘었다.

마침 공교롭게도 비가 내리고 있다. 새로 구입한 차를 운전해서 아내가 기다리는 집으로 서둘러 가려고 국도보다 조금 좁고 구불구불한 길이지만, '지름길'을 달리기로 했다. 휴대전화로 집에 전화를 걸면서 내리막 커브 길로 접어들었을 때 핸들의 제어력을 잃고 중앙선을 넘어 반대 차선에서 달려오던 소형 트럭과 충돌하고 말았다.

사이토는 곧 구급차에 실려 병원으로 이송되었지만 오른쪽 다리 골절로 전치 6개월의 중상을 입었다. 반대 차선에서 주행해오던 소형 트럭의 라이트가 상향인 채로 달려왔기 때문에 한순간 눈이 부셨다는 것을 사고 조사 과정에서 확인했다. 차 수리비는 130만 엔이었다.

2) 트리 작성

연습 1 및 2의 요령에서 트리를 그려본다.

축: 하라다, 사이토, 도로 환경, 소형 트럭

전제 조건: 입사 8년차 신혼의 기술자

변동 요인(노드): '일손이 부족한 해당 제조기업'에서 '연일 밤 늦게까지 잔업'하고 있다. 이 때문에 하라다가 '요통으로 입원'하고 말았고, 사이토는 '인원 충원을 요청'했지만 받아들여지지 않았다. 그래서 '혼자서 작업을 완료'했다. 제품 납입을 마치고 새벽에 '지름길을 선택'해 자신의 차를 운전해서 갔고, '휴대전화로 자기 집에 연락'하면서 '내리막길에 접어들었을 때' '마주오던 차의 라이트에 눈이 부셔서', '중앙선을 넘어섰다.' 그래서 전방에서 달려온 '소형 트럭과 충돌'했다. 도로에는 '새벽에 비'가 오고 있었고, '좁고 굽어 있었다'.

설명란: 1) 지원 요청에 응할 수 없었던 이유

2) 혼자서 최선을 다해 작업을 종료한 시간

3) 지름길을 선택한 이유

4) 휴대전화를 걸었던 결과

5) 과속

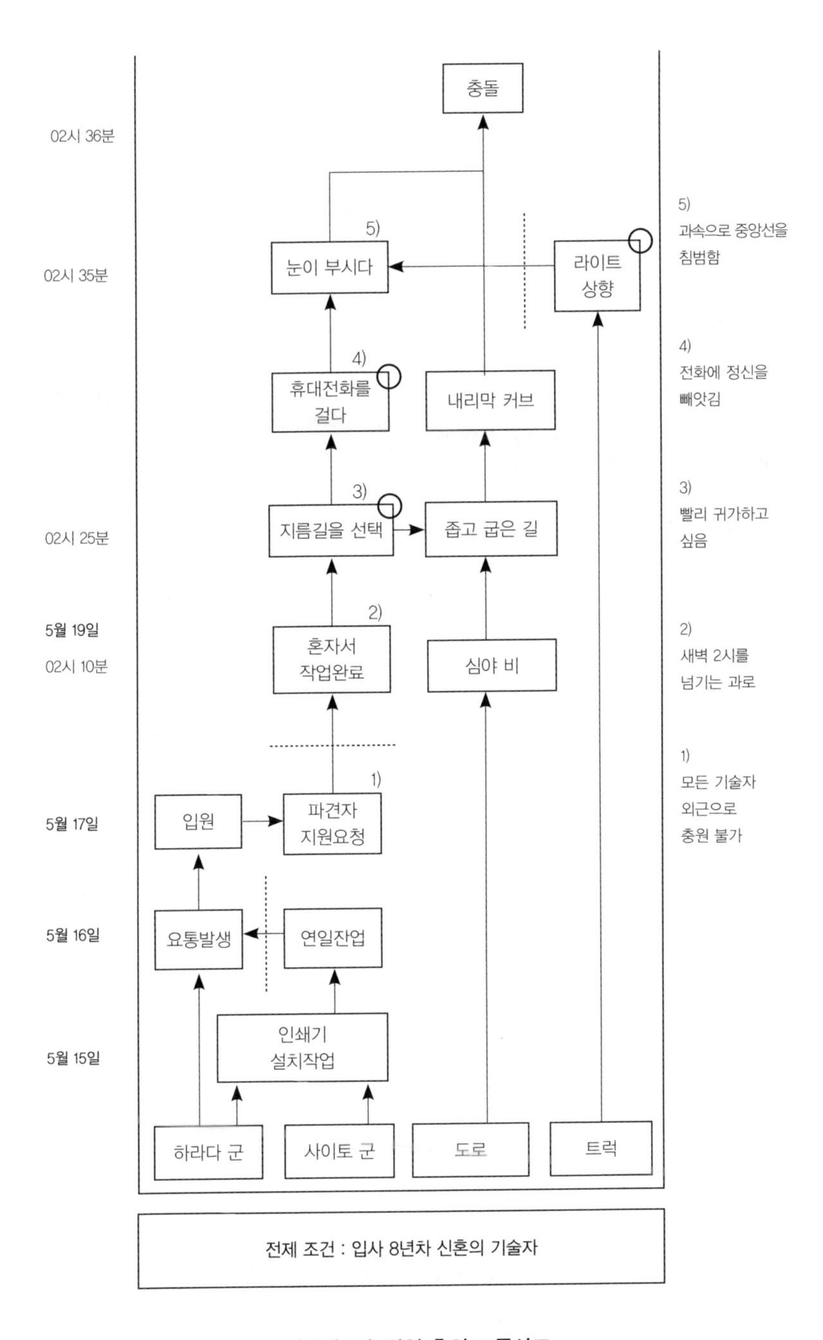

〈그림 27〉 잔업 후의 교통사고

3) 배후 요인 추궁

브레이크나 배제 노드를 중심으로 'Why Why 분석'이나 'M-SHEL 모델'을 병행해서 그 배후 요인을 더 추적한다.

최초의 '브레이크'를 연일 계속된 잔업과 동료의 입원 사이로 설정한다. 다음은 인원 충원을 요청했지만 거부당하고 혼자서 작업을 완료한 곳에 설정한다.

다음으로, 늦은 시간에도 불구하고 자신의 차를 운전해서 지름길을 선택한 곳에 '배세 노드'를 설정한다. 지름길로 가지 않고 평소에 다니던 넓은 길로 갔다면 안전했을지도 모르기 때문이다.

운전하면서 휴대전화로 전화를 걸었던 곳에도 배제 노드를 설정하고, 라이트를 상향으로 한 채로 달려온 트럭 운전사의 매너 문제에도 배제 노드를 설정한다. 라이트가 상향이었어도 눈이 부시지 않게 하기 위한 고민도 생각할 수 있기 때문에 그 관련성을 단절시키기 위해 브레이크를 설정했다.

이러한 '배제 노드'나 '브레이크'를 중심으로 '왜 그와 같은 오류가 유발되었는지'를 더욱 더 탐구한다.

① 연일 계속된 잔업의 배후에는 무엇이 있을까? 왜 잔업을 하지 않으면 안 되었을까? 왜 인원 충원을 요청했을 때 들어주

지 못했을까?

급증하고 있는 수주를 조정하지 않고 모든 물량을 수주해버림으로써 만성적인 인력 부족을 연일 잔업으로 커버하고 있다. 기술자 양성도 수요를 쫓아가지 못했다(매니지먼트의 문제).

② 왜 혼자서 작업할 수밖에 없었는가?

동료 하라다가 요통으로 입원해서 회사에 인원 충원을 요청했지만, 모든 기술자가 외근 중이었으므로 혼자 작업할 수밖에 없었다(근무 관리의 부실).

③ 왜 과로했을까?

납기일을 맞추던 그날, 새벽 2시를 넘긴 상태였다(인간의 한계를 무시한 근무 환경).

④ 왜 지름길을 선택했을까?

신혼이었던 사이토는 서둘러 귀가하기 위해 지름길을 선택해서 달렸다. 이 지름길은 좁고 꼬불꼬불 굽어있었다. 마침 비까지 내리고 있어 시야가 좋지 않았다. 사이토는 리스크를 감수하면서까지 빨리 귀가하고 싶었다(도로 환경이 좋지 않다는 것을 생각할 여유가 없었다).

⑤ 왜 새벽에 운전하면서 휴대전화를 사용했는가?

너무 늦어서 부인이 기다리고 있을 집에 휴대전화로 연락하면서 차를 몰았다(인간의 정보 처리계는 싱글채널이며, 한 번에 하나씩이라는 정보 처리 원칙을 잊어버렸다).

⑥ 왜 중앙선을 넘었을까?

내리막에서 커브 길로 접어들자 전방에서 달려오던 소형 트럭의 상향등에 눈이 부셨고, 중앙선을 넘어 충돌했다(새 차라 성능이 좋아 사이토는 생각 이상으로 과속했다. 반면 새 차에 익숙하지 않았기 때문에 눈이 부신 순간 핸들 조작을 잘못했다).

4) 이러한 문제점을 M-SHEL 모델로 다시 한 번 정리해보면 다음과 같다

	배후 요인
M	직원 근무 관리 부실, 수요에 대응하기 위한 기술자 양성이 제때 이루어지지 못함(회사) 이 도로에서 교통사고가 빈번하게 발생하고 있었지만, 아무런 개선책을 마련하지 않음(도로 관리부서)
L-S	새 차를 막 구입했기에 운전 미숙, 인간 능력의 한계에 관한 교육 지도가 없었음(싱글 채널 원칙)
L-H	차의 성능이 좋아져서 생각한 것보다 속도가 잘 나왔음
L-E	새벽에 비가 내려 시야가 나빴고, 내리막길 커브라서 운전이 어려웠음
L-L	상대 운전사가 라이트를 상향인 채로 주행함
L	연일 야간 잔업으로 과로했고, 새벽이어서 집에 있는 부인에게 빨리 돌아가고 싶은 마음에 조바심이 났음

5) M-SHEL/4E 매트릭스에 의한 대책 입안을 추진한다

재발 방지 대책 유도

Why Why 분석과 M-SHEL 모델 분석을 주로 사용하여, 대책 입안 단계에서 4E법을 참고한다(M-SHEL/4E 매트릭스법)

	M	L-S	L-H	L-E	L-L	L
문제점	부실한 근무 관리	새 차 운전 미숙	새 차 성능 너무 좋음	비 때문에 시야 불량	헤드라이트 상향	과로로 수면 부족
Engineering			○			
Education		○				○
Enforcement	○				○	
Example				○		

M-SHEL/4E 매트릭스법은 현장에서 쉽게 이해하고 받아들이기도 쉬운 대책을 만들기 위해서 어떤 수단으로 실천하는 것이 좋을까를 고려하기 위해 실천하는 사람의 입장에서 '대책 4E'에 비추어 검토한 기법이다(142쪽 참조).

(4) 항공기 사고(나고야 공항 중화항공 여객기 사고)

1) 사고 개요

1994년 4월 26일 20시 15분경, 나고야 공항에서 중화항공 에어버스 300-600 기종 여객기가 급상승 후 추락하여 승객과 승무원 164명이 사망했다.

이 여객기는 20시 12분 19초에 외측 마커*를 통과했다. 13분 39초에는 나고야 공항 관제탑으로부터 착륙 허가를 받았다. 이 여객기는 부조종사의 수동 조작으로 ILS 어프로치를 정상적으로 계속하고 있었다.

- 20시 14분 06초, 기압고도 1,100피트를 통과하던 중 무엇인가에 의해 'GA(Go Around) 모드'가 되어 추진력이 증가했다. 그래서 기압고도 1,040피트로 약 15초간 수평비행 상태가 되었다. 기장은 부조종사에게 자동추력장치(Auto Thrust)를 해제하고 높아진 하강 경로를 수정하도록 지시했고, 부조종사는 지시대로 조작하여 서서히 정규 경로로 다가갔다. 이 사이 두 번에 걸쳐 'GA 모드' 명령이 주의를 환기시키고 있다.
- 20시 14분 18초, 고도 950피트, 정규 경로 위쪽 방향 1.5도트(dot) 위치 부근에서 No. 2, No. 1의 자동조정(Autopilot)이 계속 'ON'으로 된 채, 30초간 작동되었다. 이 조작에 관한 대화는 기록되어 있지 않다. 자동 조정이 'ON'으로 된 뒤 10초간 '수평안정판'이 5도 27분에서 기수 상향의 한계치에 가까운 12도

* 외측 마커(outer marker): 항공기의 계기 착륙 방식(ILS: instrument landing system) 중 활주로의 착륙단에서 대체로 7㎞ 떨어진 장소에 위치하는 마커. 로컬라이저(계기 착륙 장치, ILS)의 요소 중 하나이다. 비행장에서 항공기가 활주로의 연장 코스로 정확하게 진입하고 있는지를 지시하는 전파를 발사하는 시설로서, 코스를 따라서 고도, 거리 혹은 체크 신호를 항공기에 준다. _옮긴이 주

30분까지 서서히 올라갔고, 그 후 자동조정이 'OFF'로 될 때까지 계속해서 한계에 가까운 12도 30분에 머물렀다. 이 사이 승강타*는 연속해서 기수 하향 방향으로 조작되고 있다.

- 20시 15분 2초, 기압고도 550피트(활주로에서 1.8㎞ 지점 부근)를 통과하던 중 부조종사로부터 '추력장치가 래치(latch)되었다'고 보고 받은 기장은 부조종사로부터 조종을 인계받아 조종타를 잡았다. 그 직후 추력장치 레버가 전방으로 크게 움직여 EPR(engine pressure ratio)이 약 1.0에서 1.5 이상까지 증가했지만, 추력장치 레버가 바로 되돌아와 EPR은 1.3까지 감소했다. 또한 기장이 조종을 교대한 다음부터 승강타는 거의 기수 하향 한계까지 내려가고 있었다.
- 20시 15분 11초, 기장이 '고 레버(go lever)'라고 외친 직후 다시 추력장치 레버는 크게 전방으로 쏠리고 EPR이 1.6 이상으로 증가하여 이 여객기는 급상승을 시작함과 동시에 영각**이 급격하게 증가하여 속도가 감소했다. 그 사이 수평안정판의 각도는 7도 38분으로 감소하고, SLTS/FLPS(고양력 장치)는 30/40에서 15/15로 되돌아왔다.
- 20시 15분 17초, GPWS(지상 접근 경보장치)의 글라이드 슬로

---

* 승강타(昇降舵): 비행기의 뒷날개에 달려 있는 키 _옮긴이 주

** 영각(迎角): 비행기가 날아가는 방향과 날개가 놓인 방향 사이의 각 _옮긴이 주

프*가 1회, 이어서 '실속경보음'이 2초간 자동으로 작동했다.

• 20시 15분 28초, 기압 고도 1,660피트에 도달한 후, 서서히 기수 하향이 되면서 급하강을 시작했다.
• 20시 15분 37초, GPWS의 경보음이 '따르릉 따르릉' 1회 울린 후, 40초부터 추락까지 실속경보음이 각각 작동했다.
• 20시 15분 45초, 나고야 공항의 유도를 받은 동 여객기는 E-1 부근의 착륙장 내에 추락하여 불길에 휩싸였다. 승객과 승무원 271명 중 7명만 기적적으로 구조되었다.

2) 트리 작성

항공기 사고는 그 사고가 복잡하기 때문에 베리에이션 트리법에 의한 분석이 곤란하다고 여겨졌었다. 그러나 필자가 우주 개발 분야에서 동일한 기법을 적용 · 연구한 결과, 어떤 복잡한 사례에서도 그 경위만 정확하게 파악할 수 있다면 적용 가능하다는 것을 알았다. 또한 항공기 사고에 대한 적용법을 개발하여 국제학회에서 발표하기에 이르렀다.

많은 항공기 사고는 조종석 음성기록장치(CVR: Cockpit Voice Recorder)와 비행기록장치가 회수되어 조종석 내의 대화나 항공기

---

* 글라이드 슬로프(Glide Slope): 항공기의 착륙 시스템에서 사용되고 있는 유도장치. 항공기에게 적절한 진입각도를 지시하기 위해 전파를 보내는 장치로 활공 각이라고 함. _옮긴이 주

의 움직임을 명확하게 알 수 있기 때문에 사고에 이른 경위를 이 시나리오와 같이 거의 정확하게 재현하는 것이 가능하다(사고 조사 보고서에서 인용).

용어 및 간단한 기술적 설명

1) G/A: 'Go Around'의 약어(착륙 진입을 수정하여 재진입하는 것을 말함).
2) Go Lever: 'Go Around Mode'를 선정하기 위한 레버.
3) TH Lever: 'Thrust Lever'의 약어로 추력(Engine Thrust)을 조정하는 레버.
4) AP 1&2: Auto Pilot System No. 1 및 No. 2의 의미.
5) 'Thrust'가 'latch'되었다: 'Thrust'가 자동제어로 바뀌는 것임.
6) ILS Approach: ILS는 'Instrument Landing System'의 약어로, 계기 진입 장치를 이용하여 착륙을 위해 진입을 시도하는 것임.
7) GA Mode: 자동적으로 'Go Around' 시키는 자동 모드임. 진입 중에 이 모드가 되면 착륙 모드는 취소되어 고도를 재조정한 후 다시 한 번 착륙 진입을 시도하는 동작이 시작됨. 출력이 높아지면서 기수가 올라가 하강을 중단하고 상승으로 돌아섬.

8) 수평안정판: 수평 꼬리날개를 말하며, 제트기에서는 승강타 뿐만 아니라 수평 꼬리 날개를 자동시스템으로 움직이게 하여 'Pitch Control(영각을 적절한 상태로 컨트롤하는 것)'을 수행함. 수동 조종에서는 승강타를 움직여 자동시스템이 수평안정판을 움직이게 한다고 이해하면 됨.

9) SLTS/ELPS: 저속 성능을 높이기 위한 고양력 장치로 날개 앞부분에 있는 것을 'slat'라고 하고, 날개 뒷부분에 있는 것을 'flap'이라고 함.

10) EPR: 'Engine Pressure Ratio'의 약어로, 엔진의 추력을 나타내는 계기판. 전방에서 유입되는 공기와 배출하는 공기의 압력비로 이해하면 됨.

11) Outer Marker: 계기 착륙 시스템의 하강 기점이 되는 전파표식.

12) Auto Thrust: 자동 추력 조정 시스템.

13) 하강 Path: 착륙을 위한 하강 각도를 말하며, 일반적으로 3도.

14) 정규 Path의 위쪽 방향 1.5 Dot: 정규 하강 각도로부터 기울어진 정도를 표시하는 계기 눈금의 양.

15) 'Thrust가 Latch': 여기서는 추력 조정 레버가 자동으로 바뀌는 것.

16) GPWS(지상 접근 경보 장치)의 'Glide Slope'가 1회 작동: 하

강각에서 크게 벗어날 때 작동함. 이 사고의 경우는 하강 각의 위쪽 방향으로 벗어났기 때문에 경보가 울렸음.

17) '따르릉 따르릉': 지상 접근 경보장치에서 지상으로의 접근률이 클 때의 경보.

3) 트리 검증

일견 복잡해 보이는 트리다. 하지만 귀에 익숙하지 않은 단어가 나열되어 있기 때문이지, 조종실 내부에서 일어나는 조작이나 발화를 축에 따라 순서대로 정리한 것일 뿐이다. 게다가 변동 요인(노드)과 관련한 설명 사항을 오른쪽 난 밖에 상세하게 기입해서 알기 쉽게 나타내고 있다. 사고 조사를 수행한다는 마음으로 참조해주기 바란다.

이 사고에서는 착륙하려 하고 있을 때 '고 레버(GO lever)'를 작동시킨 것이 '배제 노드'이다. 그러나 가장 큰 문제는 기장의 "해제하세요"라는 지시가 있었는데도 불구하고 조종을 담당하고 있던 부조종사가 'G/A 모드'를 해제하지 못한 것이다. 자동시스템은 인간을 보조하기 위해 장착되어 있음에도 그것을 해제할 수 없었다는 것은 큰 문제이다.

문제가 단계적으로 일어났던 이유는 상승하려는 여객기의 피치(Pitch)를 계속 누르면서 자동조종장치를 'ON'으로 한 것이다. 이것에 의해서 여객기는 최악의 상황에 빠지고 말았다. 즉, 배제 노드

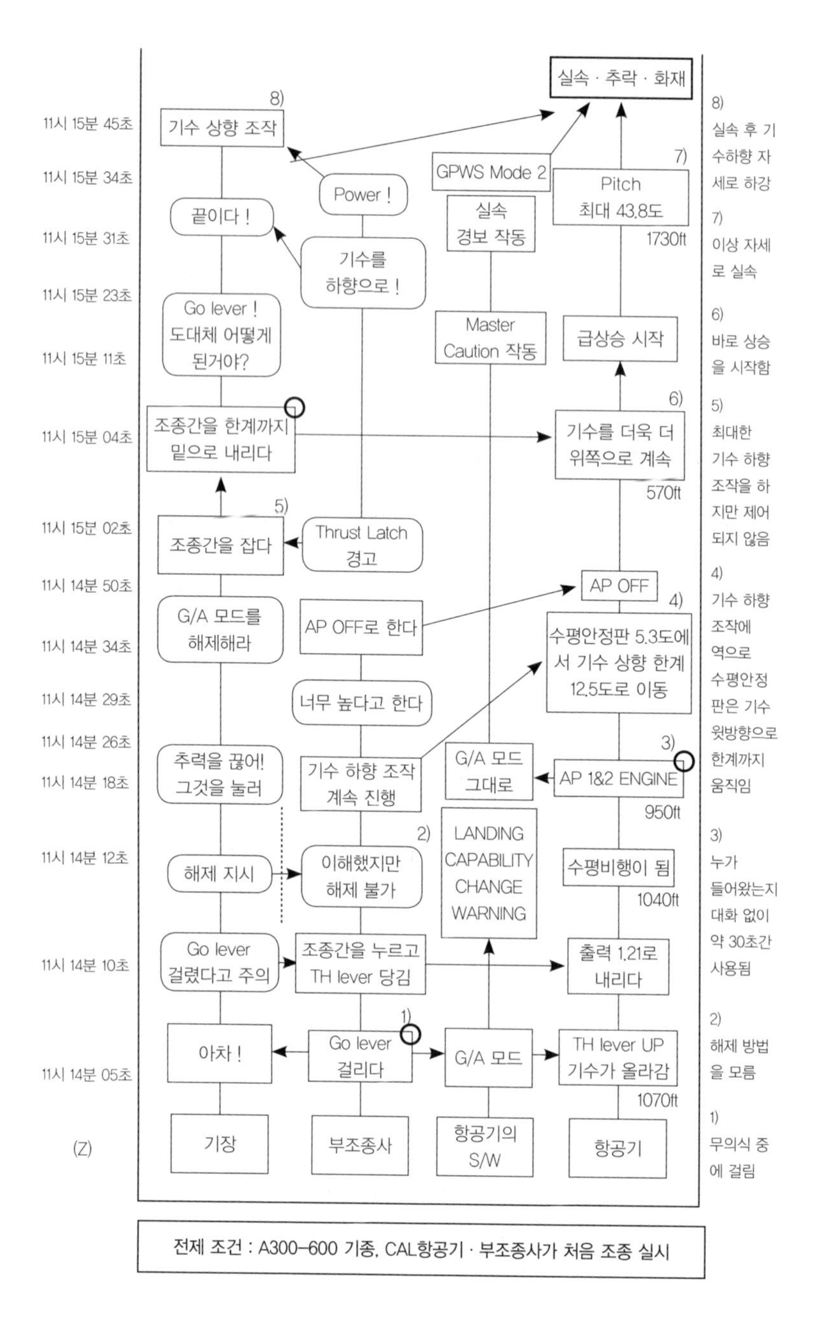

〈그림 28〉 나고야 공항 중화항공 여객기 사고

이다. 자동시스템은 '고 어라운드 모드(Go Around Mode)'에 따라 상승하려고 기수를 상향으로 조작한다. 이는 착륙하기 위해 억제하려고 한 조종사의 조작과 겨뤘고, 면적이 큰 수평안정판을 움직이는 자동시스템이 이겨서 급상승하는 결과를 초래했다. 그 결과 실속하여 추락하고 말았다.

이미 이 문제는 일본의 사고조사위원회에서도 권고 · 지적되어 항공사나 제조사 측에서 개량하고 있다. 사례 분석의 순서는 이러한 배제 노드나 브레이크를 'Why Why'라고 반문하면서 추척해가는 것이다. 제조사로부터 사용상의 주의 사항 문제나 훈련 매뉴얼 문제, 무엇보다도 조종사 간에 필요한 지식이 주지되지 않았다고 하는 정보 전달, 또는 훈련에 관한 조직에러가 명확해진다.

덧붙이자면 일본 항공사고조사위원회는 대만 민용항공당국 및 프랑스 내공성관리당국으로부터 각각 안전 권고를 받았고, 이미 '자동시스템 설계' 및 '그것을 사용하기 위한 교육 훈련' 두 측면을 개선하고 있다. 물론 여기서의 목적은 기술적인 문제를 해설하는 것이 아니기 때문에 개선점에 대한 상세 설명은 생략한다.

(5) 항만 내 항로로 타 선박 접근(위험 감지 사례)

1) 상황

기상 해상

날씨: 흐림 / 풍 향: 동북동 / 풍력: 7~8m/s

시계: 2해리 / 파고: 1m / 너울파도: 0.5m

발생 장소

항만 내 항로, 제3 부표 부근

2) 선박에 관한 정보

운항 선박

선박 이름: 가공마루(架空丸) / 총 톤수: 약 5,500톤

선박 종류: RoRo / 국적: 파나마 / 최대 흘수: 6.1m

침로: 312도 / 속력: 약 9노트 / 출발 항: 나고야 항

도착 항: 요코하마 항, 입항

타 선박 1

선박 이름: 제1 평화마루(平和丸) / 총 톤수: 37.52톤

선박 종류: 예인선 / 국적: 일본 / 수로 안내원 승선 안함, 항해 중

타 선박 2

선박 이름: 가트선 'C' / 총 톤수: 약 22톤

선박 종류: 토사 운반선 / 국적: 일본 / 수로 안내원 승선 안함, 입항

기타 특기할 사항(예인선 또는 에스코트 보트의 상황을 포함)

- 제1 평화마루는 항만 내 매립 공사 구역들 사이에서 토사와 자갈을 운반하는 작업에 종사하고 있는 예인선 중 잡종선(항칙법상 잡종선)이다.
- 본선은 전방에 예인선 'A', 후방에 예인선 'B'를 각각 에스코트 보트로 사용, 항만 내의 경로 'D-3'을 향해 항해 중이었고, 진로신호 표시 중이었다(착안 작업에는 예인선 두 척을 사용 중).
- 전방 에스코트 'A'는 제1 평화마루 및 가트선 'C'로 각각 접근하여 스피커와 VHF를 통해 경계 작업을 실시하고, 적절한 경고와 피항 협력을 재삼 요청했다.

3) 개요

09시 25분 항만 내 항로 밖에서 승선, 예인선 'B'(후방), 'A'(전방)를 에스코트 보트로 하여 항만 내 항로로 진항, 속력 약 9노트로 속도를 높였다.

09시 27분 가트선 'C'가 우현 약간 전방에서 약 6노트 정도로 항만 내 항로로 진입하려 했기 때문에 'A'를 통해서 본선의 동향과 의도를 전달하여 피항 협력을 요청한 후, 항로로 접근했다.

09시 30분 항로 입구 부근에서 본선 좌현 전방의 2번 신호소 부근 바다로 토사운반선 '제1 평화마루'가 예인선 'D'를 따돌리고 북상 중인 것으로 확인되었기 때문에 'A'를 통해서 'D'를 따라잡으면 좌회전해서 절대로 본선 전방에 침입하지 않도록 경고와 피항 협력을 요청했다. 그러나 그것을 무시하고 제1 평화마루는 그대로 본선의 전방을 가로지르기 시작했다.

09시 32분 충돌 위험을 직감하고 바로 엔진 정지, 전타 우현(hard starboard)을 명령하고, 그 후 예인선 'B'와 주기(추력을 발생시키는 장치의 총칭)를 사용해서 항로 관제실로 연락을 취해 항로 밖으로 탈출하고, '제1 평화마루'와의 충돌을 피하기 위해 노력했다. 다행히 당시 아주 가까운 곳에 대형 선박은 없고 예인선 'D' 또는 가트선 'C' 등의 잡종선, 소형 선박만이 항로에 집중하고 있는 상황이었기 때문에 약간의 패닉을 일으킨 정도에서 무사할 수 있었다.

09시 40분 안전 확인하고 항로 진항

09시 46분 방파제 통과, 예인선 정지

09시 55분 'D-3'에 착안, 작업 종료 후 제1 평화마루 및 항로 관제관과 전화로 사후 연락을 취했다.

용어 설명

1) 에스코트 보트: 출입항하는 본선의 앞뒤에 위치하여 타 선박과의 간격 유지를 위해 연락 조정 등의 역할을 수행하는 터그보트(tugboat)이다.
2) 가트선: 토사와 자갈을 운반하는 잡종선으로 분류되는 소형 선박이다.
3) 피항(避航) 협력: 대형 선박을 위해 항로를 비워주도록 무선이나 에스코트 보트 등을 통해 타 선박에 협력을 요청하는 것이다.
4) 전타 우현: 배를 최대한 우회전(반경 약 1,000m)하는 것이다.
5) 항로 관제실: 주요 항구에는 관제실이 있어 대형 선박들이 서로 간격을 유지하게끔 역할을 담당하고 있다. 그렇다고 항로를 비워주도록 무선으로 선박을 관제하는 것은 아니다. 대형 선박의 항로 진항(進航) 예정 시각을 보고하도록 하여 일정 시간 간격을 유지하게끔 진항 시각을 조정한다.
6) RoRo선: 컨테이너를 탑재하는 트레일러를 적재하고 있으며 컨테이너만을 운반하는 운반선을 말한다.
7) 주기(主機): 본선의 추진용 엔진을 말한다.

* 주

① 이 사례는 사고가 아니라 당사자가 주관적으로 '위험을 감지한' 가상 사례이다.

② 실제로는 해운계에서도 일상 운항 중에 위험을 느낀 사례를 스스로 보고하고 과학적으로 분석하여 안전 대책을 모색하려는 정책이 도입되었다. 그래서 해난 사고를 미연에 방지하는 활동이 민간을 중심으로 전개되고 있다.

4) 트리의 검증

트리를 그리는 중에 트리 내에 지시한 것과 같은 원인이 나타난다. 동시에 상대 선박의 당시 상황도 상상할 수 있다. 타성이 크고 조류나 바람의 영향을 받기 쉬운 대형 선박의 조종은 항상 미리 조치해나가지 않으면 위험한 상태에 빠질 가능성이 높다. 조종실 간의 의사소통 수단에는 한계가 있기 때문에 조선자(操船者)의 판단이 가장 중요하다.

5) 교훈 및 재발 방지 대책 등

① 이상하다고 생각하면 우선 감속한다.

② 예인선을 빨리 뒤쪽으로 보내어 제동용으로 활용한다.

③ 타 선박의 정보를 빨리 파악한다.

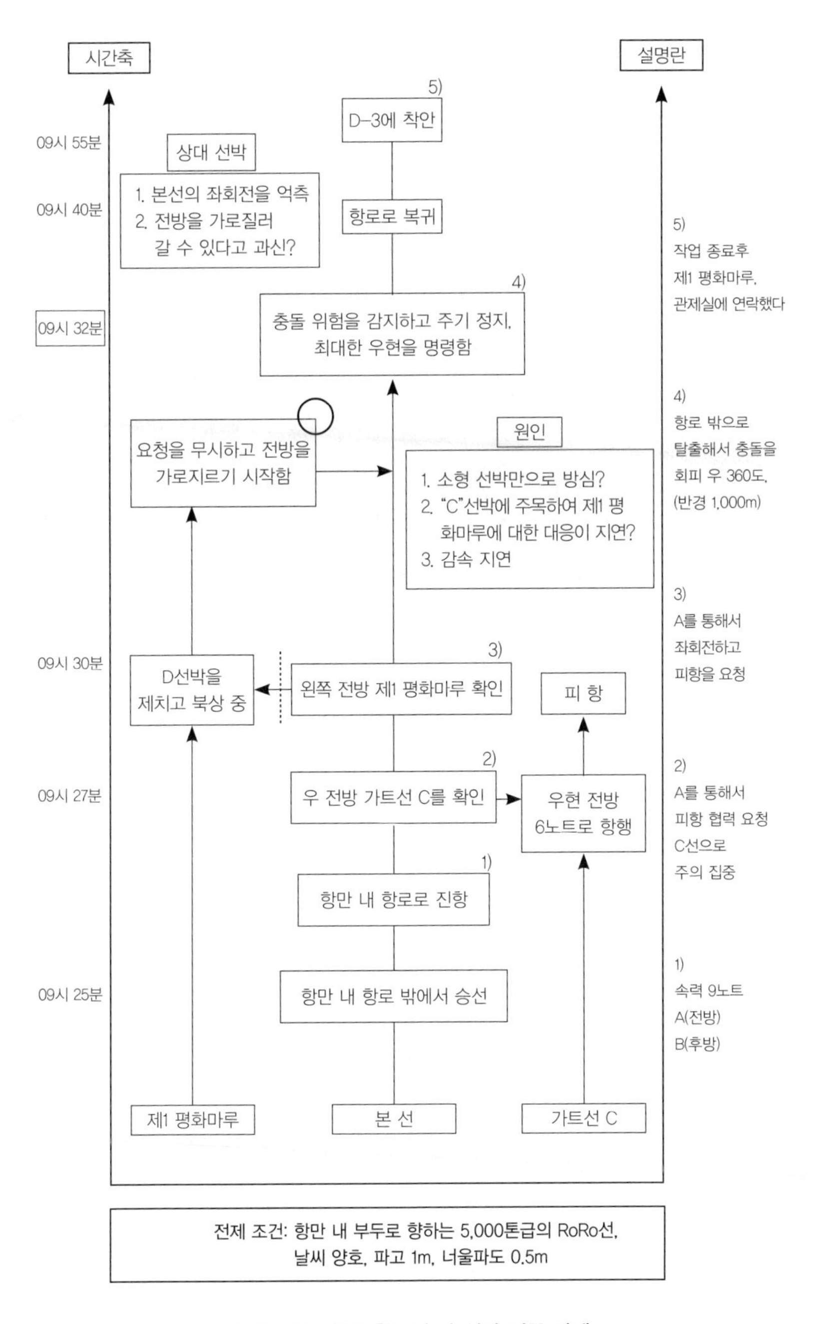

〈그림 29〉 항만 항로에 타 선박 접근 사례

④ 에스코트 보트의 지시를 빨리 알린다.

⑤ 당국에 의한 항만 내 작업선에 대한 안전지도를 철저히(재발 예방) 한다.

6) 문제점 및 과제

이상의 교훈 및 대책으로부터 다음과 같은 것을 생각할 수 있다.

① 지금도 선원 개인의 자질에 의존하는 형태로 해상교통의 안전이 유지되고 있다.

② 해난 사고가 발생하면 사고 조사를 하는 기관이 있어 선원의 과오에 대한 조사가 이루어진다. 최종적으로는 해난심판제도(1896년에 제정된 '선원징계법'의 연장)에 의해 선원의 책임을 묻기 위한 심판이 이루어지고 있다.

③ 개인별 책임 추궁이 아닌 시스템적 문제 해결이 필요하다.

④ 조종실 간의 교신이 가능하려면 공통적인 통신 설비 탑재 및 공통 주파수를 청취하도록 의무화할 필요가 있다.

⑤ 항만 부근에서 해상 교통의 혼잡 및 여러 목적을 가진 선박이 같은 해역을 이용하고 있는 것을 감안한 안전 운행 환경 정비가 필요하다.

⑥ 각종 선박 운행자들 간의 공통의 이해가 필요하다(조직화 및

정보의 수평 전개).

⑦ 현재 정비되고 있는 '항만 관제기관'의 요원 및 시설을 확충하여 담당 해역을 운항하는 모든 선박을 일원적으로 관제하게 하려면 항공 관제 시스템에 필적하는 시스템으로 발전시켜야 한다.

⑧ 해상교통의 단속보다, 해역을 사용하는 모든 용도의 선박을 위한 안전지도를 철저히 하는 아이디어를 행정기관에 기대한다.

맺음말

이 책을 집필하던 2년간 안전 문화 구축을 목표로 함께 활동해 왔던 어느 기업에서 사고가 발생했다. 최근 1년간 무사고를 기록하던 중에 벌어진 일이다. 조직에 안전 문화가 뿌리를 내리고, 안전 실적으로 이어지기까지는 상당한 기간이 필요하다는 것을 통감했다.

사고 분석 기법이 특효약처럼 '붙이면 확실하게 낫는' 경우는 있을 수 없다. 일어난 사건을 어떤 관점으로 인식하고, 재발 방지를 위해 어떻게 대처할지 고민하기 위해서는 다른 무엇보다 사고 패턴 개선이 우선적으로 필요하지 않을까?

인지심리학 분야가 사고 당사자에게 주목해서 인간의 내면적인 요소를 분석하고, 또는 행동과학 지식과 견문을 활용해서 에러에 이르는 과정을 상세하게 분석하는 연구가 오랫동안 계속되어왔다. 최근에는 생산 시스템이 첨단기술화 · 자동화가 진행되는 가운데 조직의 동적인 측면에서 당사자에러를 인식하는 연구가 진행되고 있다. '조직에러'라는 새로운 개념이 주목을 받으면서 당사자에러는 조직에러에 의해 유발된다고 해도 과언이 아니라고 여겨지고 있다.

기업 활동에 안전운전 관리 책임이라는 아이디어가 도입되면서 과로 상태에서의 운전이나 과적재, 또는 음주운전 등의 악질 위반 사례가 발생할 경우 당사자뿐만 아니라 안전운전 관리자 및 사용자도 형사 책임의 대상이 되었다. 또한 빌딩 화재나 환경오염 문제도 조직에 관리 책임이 요구되고 있다.

이와 같은 사회적 상황에서 사고가 발생하면, 우선 범인 색출에 나서고 최소한의 간접 피해로 마무리하기 위한 사실 조사가 진행된다. 그 뒤 책임 소재를 특정해서 1건 끝내려는 사고 처리로 끝나기 쉽다. 조직적인 결함을 지적하고, 그것을 확인하는 것은 특히 감독관청과의 모든 절차에서 쓸데없는 사태를 불러오기 쉽기 때문이다. 당사자의 문제로 처리하고, 그에 대한 대책을 대대적으로 실천하여 감독관청의 이해를 얻으려는 것은 아닐까? 이처럼 사고 처리 요령만으로는 재발 방지를 위한 효과적인 대책을 마련하는 것이 불가능하다. 사실을 정확하게 파악하지 못할 가능성이 높기 때문이다. 사실이 파악되지 않은 한 그것을 분석하는 것 역시 불가능하다. 당연하지만 효과적인 대책으로 이어지지 않고, 그 결과 동일한 사고가 반복된다.

이 악순환을 끝내기 위해서라도 사고 처리에 관한 발상의 전환이 필요하다. 조직적인 이유 때문에 오류가 발생한다면 조직에 직접 책임을 추궁할 것이 아니라, 그 오류에 대해서 얼마나 효과적인 대책을 입안하고 실천할지를 묻는 '설명 책임(Accountability)'을 추궁하는 아이디어가 필요하지 않을까? 기업을 둘러싼 모든 이해관계자(Stakeholders)의 책임 있는 자세는 감독관청의 행정 처분을 감수함은 물론, 손실을 최소화하고 재발 방지 대책을 확립하는 것과 관련이 있다고 생각한다. 사고가 발생하더라도 감독관청의 대책이 앞서기보다, 모든 이해관계자의 대책이 우선적으로 검토되는 것이 바람직하다. 그리고 사실 관계를 정확하게 파악하고 과학적으로 분석해서, 그 결과를 교훈으로 살린다면 사회의 안전성을 크게 전진시킬 수 있을 것이다.

참고문헌

Leplat J. & Rasmussen J. "Analysis of Human Errors in Industrial Incidents Accidents for Improvement of Work Safety" In Rasmussen j., Duncan K. & Leplat j. (Eds), New Technology and Human Error, John Wiley & Sons, Chichester, 157-168, 1987年

小澤宏之、黒田勲監修「対策指向型の災害分析手法を考える－バリエーションツリー法の研究」大成建設株式会社 1994年

NASDA「ヒューマンファクター分析ハンドブック」宇宙開発事業団 2000年6月5日制定

黒田 勲「安全文化の創造へ」 中央労働災害防止協会 2000年

黒田 勲「信じられないミスは何故起こる」 中央労働災害防止協会 2001年

黒田 勲「失敗を生かす技術」 河出書房新社 2001年

Akira Ishibashi "Analysis of Aircraft Accident by means of Variation Tree" 10th International Symposium on Aviation Psychology Ohio State University 1999年

Akira Ishibashi "Situation Awareness under Time Stress" Proceedings of the 1st HPSSA International Congress, in Georgia USA. 2000年

石橋 明「バリエーションツリー分析法の航空機事故への応用」(第38回計測自動制御学会 学術講演会講演録) 岩手大学 1999年

石橋 明「ハイテクシステムとヒューマンファクター」『品質管理』Vol. 52, No. 9. 2001年

石橋 明「航空機の自動化とパイロット」『労働の科学』 Vol. 57, No. 7（特集「交通・郵送の安全」) 2002年

石橋 明 「ハイテクコクピットにおける安全と安心（総説論文」『ヒューマンファクターインタフェース学会誌』 Vol. 5, No. 1. 2003年

H. W. Heinrich et al, 井上成恭監訳 「産業災害防止論」 海文堂 1982年

Harry Orlady "Human Factors in Multi-crew Flight Operations" Ashgate Publishing Limited 1999年

J. Rasumussen, 海保博之ほか訳 「インターフェースの認知工学」 啓学出版 1990年

Ishida,T. & Kanda, N. "An Analysis of Human Factors in Traffic Accidents Using The Variation Tree Method" JASAE Review, Vol. 20, No. 1 1999年

ジェームス・リーズン、塩見弘監訳 「組織事故」 日科技連 1999年

橋本邦衛 「安全人間工学」 中央労働災害防止協会 1984年

ジェームス・リーズン、林喜男監訳 「ヒューマンエラー一認知科学的アプローチ」 海文堂 1994年

大山 正、丸山康則 「ヒューマンエラーの心理学」 麗澤大学出版会 2001年

芳賀 繁 「うっかりミスは何故起こる」 中央労働災害防止協会 1991年

エリック・ホルナゲル、古田一雄訳 「認知システム工学」 海文堂 1996年

鈴木順二郎ほか 「FMEA・FTA実施法」 日科技連　1983年

石田敏郎、神田直弥 「バリエーションツリー分析による事故の人的要因の検討」 『自動車技術会論文集』 Vol. 30, No. 2　1999年

小倉仁志 「なぜなぜ分析徹底活用」 日本プラントメインテナンス協会　1997年

안전 한국 07

사고는 왜 반복되는가?

펴　　냄 2015년 12월 15일 1판 1쇄 박음 | 2015년 12월 21일 1판 1쇄 펴냄
지 은 이 이시바시 아키라
옮 긴 이 조병탁, 이면헌
감　　수 구로다 이사오
펴 낸 이 김철종
펴 낸 곳 (주)한언
등록번호 제1-128호 / 등록일자 1983. 9. 30
주　　소 서울시 종로구 삼일대로 453(경운동) KAFFE 빌딩 2층(우 110-310)
TEL. 02-723-3114(대) / FAX. 02-701-4449
책임편집 이길호, 장웅진
디 자 인 김정호, 이찬미, 정진희
마 케 팅 오영일
홈페이지 www.haneon.com
e-mail haneon@haneon.com

이 책의 무단전재 및 복제를 금합니다.
책값은 뒤표지에 표시되어 있습니다.
잘못 만들어진 책은 구입하신 서점에서 바꾸어 드립니다.

ISBN 978-89-5596-732-6 04500
ISBN 978-89-5596-706-7 04500(세트)

이 도서의 국립중앙도서관 출판예정도서목록(CIP)은 서지정보유통지원시스템 홈페이지(http://seoji.nl.go.kr)와 국가자료공동목록시스템(http://www.nl.go.kr/kolisnet)에서 이용하실 수 있습니다.(CIP제어번호: CIP2015033849)

'인재NO'는 인재人災 없는 세상을 만들려는 (주)한언의 임프린트입니다.

한언의 사명선언문

Since 3rd day January, 1998

Our Mission – 우리는 새로운 지식을 창출, 전파하여 전 인류가 이를 공유케 함으로써 인류 문화의 발전과 행복에 이바지한다.

– 우리는 끊임없이 학습하는 조직으로서 자신과 조직의 발전을 위해 쉼없이 노력하며, 궁극적으로는 세계적 콘텐츠 그룹을 지향한다.

– 우리는 정신적, 물질적으로 최고 수준의 복지를 실현하기 위해 노력 하며, 명실공히 초일류 사원들의 집합체로서 부끄럼 없이 행동한다.

Our Vision 한언은 콘텐츠 기업의 선도적 성공 모델이 된다.

저희 한언인들은 위와 같은 사명을 항상 가슴속에 간직하고
좋은 책을 만들기 위해 최선을 다하고 있습니다.
독자 여러분의 아낌없는 충고와 격려를 부탁드립니다.
• 한언 가족 •

HanEon's Mission statement

Our Mission – We create and broadcast new knowledge for the advancement and happiness of the whole human race.

– We do our best to improve ourselves and the organization, with the ultimate goal of striving to be the best content group in the world.

– We try to realize the highest quality of welfare system in both mental and physical ways and we behave in a manner that reflects our mission as proud members of HanEon Community.

Our Vision HanEon will be the leading Success Model of the content group.